U0308921

模具设计指导

孙　筱　张信群　余　斌　主编
马　博　王　飞　张金玲　副主编

天津大学出版社
TIANJIN UNIVERSITY PRESS

内 容 提 要

本书简述了模具设计的目的、任务、基本要求及一般过程,全面讲述了注塑模具和冲裁模具设计的相关知识,列举了相关模具的设计实例,由浅入深讲述了注塑模具和冲裁模具设计的全过程,并且汇编了注塑模具和冲裁模具设计常用标准和相关资料,供读者参考选用;为了让读者能够及时地检查自己的学习效果,把握自己的学习进度,最后提供了注塑模具和冲裁模具设计题目。本书内容由浅入深,图解细致,既有全面的模具设计相关理论指导,又有实例参考,为读者提供了模具设计可行的思路和方法,也为教学提供了难易适中的设计题目和相关标准。

本书既可以作为高职高专模具设计与制造专业及相关专业模具课程设计的教材,也可以作为相关专业毕业设计的参考书,或相关技术人员自学的参考资料。

图书在版编目(CIP)数据

模具设计指导/孙筱,张信群,余斌主编. 一天津:天津大学出版社,2014.8(2016.8重印)
ISBN 978-7-5618-5167-8

Ⅰ.①模… Ⅱ.①孙…②张…③余… Ⅲ.①模具 -
设计 Ⅳ.①TG76

中国版本图书馆 CIP 数据核字(2014)第197523号

出版发行	天津大学出版社
地　　址	天津市卫津路92号天津大学内(邮编:300072)
电　　话	发行部:022-27403647
网　　址	publish.tju.edu.cn
印　　刷	天津市蓟县宏图印务有限公司
经　　销	全国各地新华书店
开　　本	185mm×260mm
印　　张	15.5
字　　数	387千
版　　次	2014 年 9 月第 1 版
印　　次	2016 年 8 月第 2 次
定　　价	32.00元

前　　言

为了满足高职高专模具设计与制造专业的教学需要，指导学生做好模具设计，我们结合多年的教学和实践经验，本着理论联系实际的原则编写了本书。

本书主要介绍了模具课程设计的内容、要求、设计方案及设计步骤，详尽地提供了注塑模具和冲裁模具设计的具体内容、设计实例、相关标准及设计资料，解决了初学者不知如何进行模具设计、设计时不知如何查找资料的困惑；为了方便教师布置模具设计任务，书中提供了不同难易程度的设计题目，供教师参考选用。

本书在结构体系方面做了精心的设计，按照"基础—提高—实践"这一思路进行编排，每一环节均以大量的插图、丰富的应用实例、通俗的语言，结合模具设计的不同需要和标准进行编写，内容上着重选用了一些来源于实际的经典实例，最大限度地使学生及时地将所学知识应用到实践中，达到融会贯通、灵活应用的目的。在内容编写方面，我们注意难点分散、循序渐进；在文字叙述方面，我们注意言简意赅、重点突出；在实例选取方面，我们注意实用性强、针对性强。

本书既可以作为高职高专模具设计与制造专业及相关专业模具课程设计的教材，也可以作为相关专业毕业设计的参考书，或相关技术人员自学的参考资料。

本书由新疆工程学院孙筱、余斌、马博、王飞和滁州职业技术学院张信群等编写，由孙筱负责统稿，其中孙筱、余斌、张金玲负责编写第 1 章，孙筱、余斌负责编写第 2 章、第 4 章及第 7 章，张信群负责编写第 3 章、第 5 章；马博、王飞负责编写第 6 章。本书的编写还得到新疆工程学院材料成型教研室曹长虹、刘海初老师的支持，在此表示衷心感谢。

由于时间仓促，加之我们水平有限，书中难免存在错误和不妥之处，敬请广大读者批评指正。

编者
2014 年 6 月

前　言

目　录

第1章 模具设计概述

1.1 模具设计的目的、任务和基本要求

模具设计能力的培养,在企业中通常分为认识模具、指导及模仿设计、独立设计,认识模具与独立设计过程都是逐渐的积累过程,而指导及模仿设计过程则是培养模具设计人员的主要过程,是设计思路从模糊到清晰的过程,是掌握知识、应用技巧和方法的过程。在学校教学中,由于受到教学时间、教学条件及环境等限制,无法完全按照企业"以师带徒"的方式来学习,认识模具的过程通常只能通过一些生产实习、实训教学等环节来实现,独立设计则需要学生在今后的实际工作中培养。在教学过程中,顶岗实习、毕业设计等环节只能达到基本独立设计能力的培养,而指导及模仿设计过程则主要靠模具设计环节来进行。

在教学上,安排模具设计的课程设计前,学生应具备机械制图、机械原理和机械制造技术的基础知识;了解公差标注与测量技术、塑料性能及塑料成型工艺、模具材料及热处理、模具制造工艺等专业基础知识,学完塑料模具设计的课程;并通过金工和钳工实验、模具拆装实验,熟悉使用模具进行产品生产的冲压、注塑工作过程。

1.1.1 模具设计的目的

通过实践加强学生对相关课程的理解,使学生在了解材料的基本知识基础上掌握材料成型工艺,理解金属、塑料等制品成型加工工艺,掌握一般模具的基本结构及设计方法,并能进行设计,为专业学习和工作奠定扎实的专业基础。开设"模具设计指导"课程的目的如下。

(1)培养学生正确的设计思想,理论联系实际的工作作风,严肃认真、实事求是的科学态度和勇于探索的创新精神。

(2)培养学生对具体设计任务的理解和分析能力。

(3)培养学生分析问题和解决问题的能力。经过设计环节,使学生能全面理解和掌握模具成型工艺、模具设计、模具制造等内容;掌握模具成型工艺与模具设计的基本方法和步骤,模具零件的常用加工方法及工艺规程编制和模具装配工艺制订;能够独立解决在制订模具成型工艺规程、设计模具结构、编制模具零件加工工艺规程中出现的问题;会查阅技术文献和资料,以完成从事模具成型工艺技术工作的人员在模具设计与制造方面所必须具备的基本能力训练。

(4)通过模具设计实践,训练并提高学生在理论计算、结构设计、查阅设计资料和应用计算机辅助设计软件以及编写技术文件等方面的能力。

(5)通过模具设计实践,使学生进一步熟悉模具结构,并能绘制图面整洁、标注齐全、图样及标注符合国家标准的模具零件图及装配图。

(6)在模具设计过程中,培养学生认真负责、踏实细致的工作作风和严谨的科学态度,

强化质量意识和时间观念,养成良好的职业习惯。

1.1.2　模具设计的任务

本课程主要完成编制零件成型工艺规程,绘制模具总装图及非标准模具零件图,编写设计说明书等任务。模具设计的任务以任务书的形式布置给学生。任务书包括成型件图样及其技术信息和课程设计的内容及要求,其形式可参见表1-1。

表 1-1　课程设计任务书

课程设计任务书
姓名_____　　　学号_____　　　班级_____
课题名称:
工件图:
设计要求:1. 绘制该工件制作所需的模具总装图; 　　　　　2. 绘制该模具的凸模、凹模零件图一套; 　　　　　3. 编写设计说明书; 　　　　　4. 将说明书装订成册(按 A4 尺寸装订)。
指导老师_____　　教研室_____　　时间_____

模具设计的任务如下:

(1)绘制该工件制作所需的模具总装图(A3);

(2)绘制该模具的凸模、凹模零件图一套(A4),对于其他非标准件的尺寸和结构只需在说明书中注明,不要求绘制零件图;

(3)编写设计说明书1份,不少于5 000字;

(4)将设计说明书加封面装订成册,并和图样一起装入资料袋中。

1.1.3　模具设计的基本要求

本课程的重点是使学生掌握简单注塑模具和冲裁模具设计的基本过程和相关手册及规范的使用。模具设计的基本要求如下:

(1)模具设计题目选自生产第一线,为中等复杂程度塑件,以满足教学和生产实际的要求;

(2)及时了解模具技术发展动向,查阅有关资料,准备好设计所需资料和工具;

(3)树立正确的设计思想,结合生产实际,综合考虑经济性、实用性、可靠性、安全性及先进性等方面的要求,严肃认真地进行模具设计;

(4)要敢于创新、勇于实践,充分发挥自己的主观能动性和创造性,注意培养创新意识和工程意识；

（5）严格遵守学习纪律和作息时间，不得迟到、早退和旷课；

（6）注射工艺计算正确，编制的塑料注射成型工艺规程符合生产实际；

（7）模具结构合理，凡涉及国家标准之处均应采用国家标准，图面整洁，图样及标注符合国家标准；

（8）图纸既可手绘，也可机绘（计算机绘图）。

1.1.4　模具设计前的准备工作

模具成型工艺与模具设计是在学生具备了机械制图、公差与技术测量、材料及热处理、机械设计基础、金属塑性成型原理、成型设备、机械制造技术、模具设计与制造等必要的基础知识和专业知识的基础上进行的。完成本专业教学计划中所规定的认识实习和生产实习，也是保证学生顺利进行模具成型工艺与模具设计的必要实践教学环节。

1.2　模具设计的一般过程和注意事项

1.2.1　模具设计的一般过程

1. 了解模具设计内容

从模具设计任务书中了解所生产的零件的形状特点、尺寸大小、精度要求、材料规格、生产批量等，进而确定成型工序。

2. 设计准备

根据模具设计任务书，分析所生产的零件的形状特点、尺寸大小、精度要求、材料规格、生产批量等，进而确定几种成型方案。

3. 成型工艺设计、初选设备

通过对成型方案在材料、工时、能源等几方面的对比，确定成型工序，计算相关的成型力，确定成型所选设备。

4. 确定模具结构类型和设计方案

在保证成型件质量、制造方便、降低模具成本和提高模具使用寿命前提下，确定成型（路线）工序、模具类型、模具结构形式和模具整体工作方案。

5. 设计计算成型零件相关尺寸并绘制零件图

依据任务书中的零件尺寸及技术要求，结合模具设计要求，设计计算成型零部件（凸、凹模）的尺寸并绘制相关的零件图。非标准模具零件图应标注全部尺寸、公差、表面粗糙度、材料及热处理、技术要求等。

6. 选取相关模具标准零件

依据模具的总体设计需求，通过相关模具标准手册，选取相关模具标准零件。这对于简化模具设计、缩短模具设计及制造周期，无疑会起到积极作用。在生产中，模具总装配图中的标准件不需要绘制，但非标准模具零件均需绘制零件图。有些标准零件（如上、下模座）需要补充加工的地方太多时也要求绘出，但只需标注加工部位的尺寸公差即可。

7.绘制模具总装图

正式装配图要根据模具的结构草图及零件图绘制,并且要能清楚地表达各零件之间的相互关系,还应有足够说明模具结构的投影图及必要的剖面、剖视图。在装配图上还要绘出工件图、填写零件明细表和提出技术要求等。

8.编写设计说明书

设计说明书主要内容包括零件成型过程设计的各项计算、选用依据、分析论证和技术经济分析等。设计说明书是设计总结性技术文件,要求思路清晰、图文并茂,能有条理地表达设计思想。

1.2.2　模具设计的注意事项

(1)课程设计前必须预先准备好资料,包括手册、图册、绘图仪器、计算器、图板(计算机)、图纸、报告纸、档案袋等。

(2)课程设计前应对原始资料进行认真研读,并明确课程设计的要求后再进行工作。原始资料包括零件图、生产纲领、原材料牌号与规格、现有成型设备的型号与规格等。

(3)画出模具结构草图经指导教师同意后方可绘制总装图和零件图。

(4)设计图纸和计算说明书呈交给指导教师审阅后进行课程设计答辩。

1.3　编写设计说明书和成绩评定

1.3.1　设计说明书的内容和格式

编写设计说明书是整个设计与制造工作的一个重要组成部分。它是设计者设计思想的体现,是设计成果的文字表达,是设计过程的技术总结。因此,它是培养学生分析、总结、归纳和表达能力的重要方面。从设计开始时,学生就应将设计和计算内容、设计过程的体会和总结记入报告草稿本内;设计完成时,将草稿本的内容整理、归纳后编写正式的设计说明书。

1.设计说明书内容

设计说明书的主要内容包括整个设计的计算内容、工艺分析与方案确定以及各环节的体会和总结等。设计说明书的内容及顺序建议如下:

(1)封面;

(2)设计任务书及产品图(应装订入原发的任务书);

(3)目录(标题及页次);

(4)序言;

(5)零件的工艺性分析;

(6)零件工艺方案的拟订;

(7)成型方案确定,材料利用率计算;

(8)成型力的计算,成型设备的选择;

(9)模具类型及结构形式的比较选择;

(10)模具工作零件尺寸及公差的计算;

(11)模具其他零件的选用、设计以及必要的计算;

（12）成型设备技术参数校核；

（13）模具的装配过程；

（14）模具工作原理与使用注意事项；

（15）设计过程感受及其他需要说明的内容；

（16）参考资料。

2. 设计说明书格式

设计说明书的格式及顺序见附录 1，评定意见表见附录 2，附录 3 为具体设计任务书样本。

1.3.2　模具设计的成绩评定

每位同学均需提交课程设计说明书一份以及规定的模具装配图、零件图。教师可根据设计图样、设计说明书和答辩中回答问题的情况，并考虑学生在设计过程中的表现，综合评定成绩，答辩成绩给定参见附录 4。

模具设计的成绩分为以下五个等级。

1. 优秀

（1）冲压工艺与模具结构设计合理，内容正确，有独立见解或创造性。

（2）设计中能正确运用专业基础知识，设计计算方法正确，计算结果准确。

（3）全面完成规定的设计任务，图纸齐全，内容正确，图面整洁，且符合国家制图标准。

（4）编制的模具零件的加工工艺规程符合生产实际，工艺性好。

（5）设计说明书内容完整，书写工整清晰，条理清楚。

（6）在答辩中回答问题全面、正确、深入。

（7）设计中有个别缺点，但不影响整体设计质量。

（8）所加工的模具完全符合图纸要求，试模成功，能加工出合格的零件。

2. 良好

（1）冲压工艺与模具结构设计合理，内容正确，有一定见解。

（2）设计中能正确运用本专业的基础知识，设计计算方法正确。

（3）能完成规定的全部设计任务，图纸齐全，内容正确，图面整洁，符合国家制图标准。

（4）编制的模具零件的加工工艺规程符合生产实际。

（5）设计说明书内容较完整、正确，书写整洁。

（6）答辩中思路清晰，能正确回答教师提出的大部分问题。

（7）设计中有个别非原则性的缺点和小错误，但基本不影响设计的正确性。

（8）所加工的模具符合图纸要求，试模成功，能加工出合格的零件。

3. 中等

（1）冲压工艺与模具结构设计基本合理，分析问题基本正确，无原则性错误。

（2）设计中基本能运用本专业的基础知识进行模拟设计。

（3）能完成规定的设计任务，附有主要图纸，内容基本正确，图面清楚，符合国家制图标准。

（4）编制的模具零件的加工工艺规程基本符合生产实际。

（5）设计说明书中进行了基本分析，计算基本正确。

(6)答辩中回答的主要问题基本正确。

(7)设计中有个别小的原则性错误。

(8)所加工的模具基本符合图纸要求,经调整试模成功,能加工出合格的零件。

4. 及格

(1)冲压工艺与模具结构设计基本合理,分析问题能力较差,但无原则性错误。

(2)设计中基本上能运用本专业的基础知识进行设计,考虑问题不够全面。

(3)基本上能完成规定的设计任务,附有主要图纸,内容基本正确,基本符合标准。

(4)编制的模具零件的加工工艺规程基本可行,但工艺性不好。

(5)设计说明书内容基本正确完整,书写工整。

(6)答辩中能回答教师提出的部分问题。

(7)设计中有一些原则性小错误。

(8)所加工的模具经过修改才能够加工出零件。

5. 不及格

(1)设计中不能运用所学知识解决工程问题,在整个设计中独立工作能力较差。

(2)冲压工艺与模具结构设计不合理,有严重的原则性错误。

(3)设计内容没有达到规定的基本要求,图纸不齐全或不符合标准。

(4)没有在规定的时间内完成设计。

(5)设计说明书文理不通,书写潦草,质量较差。

(6)答辩中自述不清楚,回答问题时错误较多。

(7)所加工的模具不符合图纸的要求,不能够使用。

第 2 章　塑料模具课程设计要点

2.1　塑料概述

2.1.1　塑料的分类

1. 根据塑料中树脂的分子结构和热性能分类

按这种分类方法可以将塑料分成两大类:热塑性塑料和热固性塑料。

1) 热塑性塑料

这种塑料中树脂的分子是线型或支链型结构。热塑性塑料在加热时软化熔融成为可流动的黏稠液体,在这种状态下可以塑制成一定形状的塑件,冷却后保持已定型的形状。若再次加热,又可以软化熔融,可以再次塑制成一定形状的塑件,如此可以反复多次。在上述过程中,一般只有物理变化而没有化学变化。由于这一过程是可逆的,在塑料加工中产生的边角料及废品可以回收粉碎成颗粒后再利用。

常用的热塑性塑料有聚乙烯、聚丙烯、聚氯乙烯、聚苯乙烯、ABS、聚酰胺、聚甲醛、聚碳酸酯、有机玻璃、聚砜、氟塑料等。

2) 热固性塑料

这种塑料在受热之初分子是线型结构,具有可塑性和可溶性,可以塑制成一定形状的塑件。当继续加热时,线型高聚物分子主链之间形成化学键结合(即交联),分子呈网状结构,当温度达到一定值后,交联反应进一步发展,分子最终变为体型结构,树脂变得既不熔融,也不溶解,塑件形状固定下来不再变化。因为这一变化过程是不可逆的,故称为固化。在上述成型过程中,既有物理变化又有化学变化。若再加热,塑料也不再软化,不再具有可塑性。由于热固性塑料具有上述特性,故加工中的边角料和废品不可回收再利用。

热固性塑料在受热时,由于伴随着化学反应,其物理状态变化与热塑性塑料明显不同。开始加热时,由于树脂分子是线型结构,与热塑性塑料相似,加热到一定温度时树脂分子链运动的结果使之很快由固态变成黏流态,这使热固性塑料具有成型的性能。但这种流动状态存在的时间很短,由于化学反应的作用,分子结构很快变成网状,分子运动停止,塑料硬化变成坚硬的固体。再加热,分子运动仍不能恢复,化学反应继续进行,分子结构变成体型,塑料还是坚硬的固体。当温度升高到一定值时,塑料开始分解。

常用的热固性塑料有酚醛塑料、氨基塑料、环氧塑料、有机硅塑料、硅酮塑料等。

2. 根据塑料性能及用途分类

按这种分类方法可以将塑料分为通用塑料、工程塑料、增强塑料、特殊塑料。

1) 通用塑料

通用塑料是指产量大、用途广、价格低的塑料,主要包括聚乙烯、聚氯乙烯、聚苯乙烯、聚丙烯、酚醛塑料和氨基塑料六大品种,它们的产量占塑料总产量的一半以上,构成了塑料工业的主体。

2）工程塑料

工程塑料常指在工程技术中用作结构材料的塑料。工程塑料除具有较高的机械强度外,还具有很好的耐磨性、耐腐蚀性、自润滑性及尺寸稳定性等。工程塑料具有某些金属特性,因而越来越多地代替金属来制作某些机械零部件。

目前,常用的工程塑料包括聚酰胺、聚甲醛、聚碳酸酯、ABS、聚砜、聚苯醚、聚四氟乙烯等。

3）增强塑料

为进一步改善塑料的力学性能和电性能,在塑料中加入玻璃纤维等填料作为增强材料而成的新型复合材料通常称为增强塑料。增强塑料具有优良的力学性能,比强度和比刚度高。增强塑料分为热塑性增强塑料和热固性增强塑料。

4）特殊塑料

特殊塑料是指具有某些特殊性能的塑料以及为某些专门用途而改性得到的塑料。如氟塑料、聚酰亚胺塑料、有机硅树脂、环氧树脂、导电塑料、导磁塑料、导热塑料。

2.1.2 塑料配方设计的基本原则

在一个优秀的高分子材料配方设计中,高分子化合物将通过与添加剂的配合,以充分发挥其材料混合后的物理力学性能,改善成型加工特性,降低制品生产成本,提高企业经济效益。因此,配方设计必须满足一定的基本原则。

（1）了解制品使用的性能与要求。

（2）了解成型加工方法的工艺与要求。

（3）了解所选材料来源和产地,质量是否稳定、可靠,价格是否合理。

（4）在满足上述三条基本原则的基础上,尽量选用质量稳定、来源可靠、价格低廉的原材料,必要时可采用不同品种和价格的原材料复合配制,并加入适当的填充剂,以降低成本。

2.1.3 塑料配方设计的一般步骤

塑料配方设计的一般步骤如下。

（1）在确定制品性能和用途的基础上,根据产品外形、零部件的几何尺寸和作用及成型加工方法,利用已建成的数据库,收集高分子化合物和添加剂等各种原材料的资料。

（2）初选材料,进行配方设计及相应试验加工。首先设计若干基础配方,进行小样压片试验,通过性能测试拟订合格配方,再确定其批量加工时的工艺条件,以扩大批量试验。

（3）获取材料性能数据或凭经验进行产品三维造型,包括零部件的壁厚及其尺寸设计。

（4）利用 RPM 技术实物造型,经测试或模拟试验无误,进行市场调研,获取产品订单。

（5）修改设计、调整配方、重复试验,使产品性能达到合格状态,保证客户需求。

（6）依靠模型试验核算成本,进行产品的最终选材和配方设计。

（7）对所选材料规范化,如原料的规格、牌号、产地、验收标准、监测项目和监测方法等。

2.1.4 常用塑料名称和性能特点

1. ABS 塑料

ABS 塑料的主体是丙烯腈、丁二烯和苯乙烯的共混物或三元共聚物,是一种坚韧而有刚性的热塑性塑料。苯乙烯使 ABS 具有良好的模塑性、光泽和刚性;丙烯腈使 ABS 具有良好的耐热性、耐化学腐蚀性和表面硬度;丁二烯使 ABS 具有良好的抗冲击强度和低温回弹性。三种组分的比例不同,其性能也随之变化。

1)性能特点

ABS 在一定温度范围内具有良好的抗冲击强度和表面硬度,还具有较好的尺寸稳定性、一定的耐化学腐蚀性和良好的电气绝缘性。ABS 不透明,一般呈浅象牙色,能通过着色而制成具有高度光泽的其他任何色泽制品。电镀级 ABS 的外表可进行电镀、真空镀膜等装饰。通用级 ABS 不透水、燃烧缓慢,且燃烧时软化,火焰呈黄色,有黑烟,最后烧焦、有特殊气味,但无熔融滴落,可用注射、挤塑和真空等成型方法进行加工。

2)级别与用途

ABS 按用途不同可分为通用级(包括各种抗冲级)、阻燃级、耐热级、电镀级、透明级、结构发泡级和改性 ABS 等。通用级用于制造齿轮、轴承、把手、机器外壳和部件以及各种仪表、计算机、收录机、电视机、电话等外壳和玩具等;阻燃级用于制造电子部件,如计算机终端、机器外壳和各种家用电器产品;结构发泡级用于制造电子装置的罩壳等;耐热级用于制造动力装置中自动化仪表和电动机外壳等;电镀级用于制造汽车部件以及各种旋钮、铭牌、装饰品和日用品;透明级用于制造刻度盘、冰箱内食品盘等。

2. 聚苯乙烯(PS)

聚苯乙烯是产量最大的热塑性塑料之一,无色、无味、无毒、透明,不滋生菌类,透湿性大于聚乙烯,但吸水率仅为 0.02%,在潮湿环境中也能保持强度和尺寸。

1)性能特点

聚苯乙烯具有优良的电性能,特别是高频特性优良。聚苯乙烯的介电损耗小($1 \times 10^{-5} \sim 3 \times 10^{-5}$),体积电阻和表面电阻高,热变形温度为 $65 \sim 96 \ ℃$,制品最高连续使用温度为 $60 \sim 80 \ ℃$,有一定的化学稳定性,能耐多种矿物油、有机酸、碱、盐、低级醇等,但能溶于芳烃和卤烃等溶剂。聚苯乙烯耐辐射性强,表面易着色、印刷和金属化处理,容易加工,适合于注射、挤塑、吹塑、发泡等多种成型方法。其缺点是不耐冲击、性脆易裂、耐热性和机械强度较差,改性后这些性能有较大改善。

2)级别与用途

聚苯乙烯目前主要有透明、改性、阻燃、可发性和增强等级别,可用于包装、日用品、电子工业、建筑、运输和机器制造等诸多领域。透明级用于制造日用品,如餐具、玩具、包装盒、光学仪器、装饰面板、收音机外壳、旋钮、透明模型、电子元件等;改性的抗冲阻燃聚苯乙烯广泛用于制造电视机、收录机和各种仪表外壳以及多种工业品;可发性用于制造包装和绝缘保温材料等。

3. 聚丙烯(PP)

聚丙烯是 20 世纪 60 年代发展起来的新型热塑性塑料,是由石油或天然气裂化得到丙烯,再经特种催化剂聚合而成。聚丙烯是目前塑料工业中发展速度最快的品种,产量仅次于聚乙烯、聚氯乙烯和聚苯乙烯,而居第四位。

1)性能特点

聚丙烯通常为白色、易燃的蜡状物,比聚乙烯透明,但透气性较低;密度为 $0.9 \ g/cm^3$,是塑料中密度最小的品种之一;在廉价的塑料中耐温最高,熔点为 $164 \sim 170 \ ℃$,低负荷下可在

110 ℃温度下连续使用;吸水率低于0.02%,高频绝缘性好,机械强度较高,耐弯曲疲劳性尤为突出;在耐化学性方面,除浓硫酸、浓硝酸对聚丙烯有侵蚀外,对多种化学试剂都比较稳定;制品表面有光泽,某些氯代烃、芳烃和高沸点脂肪烃能使其软化或溶胀。其缺点是耐候性较差,对紫外线敏感,加入炭黑或其他抗老化剂后可改善耐候性。另外,聚丙烯收缩率较大,为1%~2%。

2)用途

聚丙烯可代替部分有色金属,广泛用于汽车、化工、机械、电子和仪器仪表等工业部门,如各种汽车零件、自行车零件、法兰、接头、泵叶轮、医疗器械(可进行蒸汽消毒)、管道、化工容器、工厂配线和录音带等。由于无毒,还广泛用于食品、药品的包装以及日用品的制造。

4. 聚乙烯(PE)

由乙烯聚合而成的聚乙烯是目前世界上热塑性塑料中产量最大的一个品种。它为白色、蜡状、半透明的材料,柔而韧,稍能伸长,比水轻,易燃,无毒。按合成方法的不同,可分为高压、中压和低压三种,近年来还开发出超高分子量聚乙烯和多种乙烯共聚物等新品种。

高压聚乙烯高分子带有许多支链,因而相对分子质量、结晶度和密度较低(故又称低密度聚乙烯),具备较好的柔软性、耐冲击性及透明性;低压聚乙烯高分子链上支链较少,相对分子质量、结晶度和密度较高(故又称高密度聚乙烯),所以比较硬、耐磨、耐腐蚀、耐热且电绝缘性较好。

聚乙烯作为塑料使用时,其相对分子质量要达10 000以上。聚乙烯由于具有优良的电绝缘性能、耐化学腐蚀性、耐低温性和良好的加工流动性,故发展非常迅速。

聚乙烯有一定的机械强度,但与其他塑料相比,其机械强度低、表面硬度差。由于聚乙烯制品具有较高的结晶度,在成型过程中需要控制温度对结晶的影响,结晶度随温度的升高而增加,晶核随温度升高而长大,所以会产生不透明性。

聚乙烯电绝缘性能优异,常温下不溶于任何已知溶剂,并耐稀硫酸、稀硝酸和任何浓度的其他酸以及各种浓度的碱、盐溶液。聚乙烯有高度的耐水性,长期与水接触,其性能可保持不变,透水气性能较差,而透氧和二氧化碳以及许多有机物质蒸气的性能好,在热、光、氧气的作用下,会老化和变脆。一般高压聚乙烯的使用温度约在80 ℃,低压聚乙烯约为100 ℃。聚乙烯耐寒,在-60 ℃时仍有较好的力学性能,-70 ℃时仍有一定的柔软性。聚乙烯按密度不同,可分为低密度聚乙烯、中密度聚乙烯、高密度聚乙烯、线性低密度聚乙烯和超高分子量聚乙烯。

(1)低密度聚乙烯(LDPE)。通常采用高压法生成,故又称高压聚乙烯。由于高压法生产的聚乙烯分子链中含有较多的长短支链,相对分子质量约为25 000,结晶度低(55%~65%),密度低(0.919~0.925 g/cm³),熔点为105~110 ℃,熔体指数为0.29~5.09/10 min;具有质轻、柔性好、软化点低、透气好、透明、易加工、机械强度差、耐溶剂性差等特点。所以,其适合于电线、电缆绝缘、农用和食品注塑件及工业包装薄膜与制袋。

(2)中密度聚乙烯(MDPE)。通常采用金属氧化物作催化,在1.0~5.0 MPa或较高压力下使聚乙烯在溶液中聚合而成,故称中压聚乙烯。其生产有菲利浦(Phillips)法和标准油脂公司法两种,工业上多采用菲利浦法,即在压力为1.4~3.6 MPa、温度为136~160 ℃的环境下使乙烯聚合,相对分子质量为45 000~50 000,结晶度为70%~80%,密度为0.926~0.940 g/cm³,熔点为126~135 ℃,熔体指数为0.19~4.09/10 min;其耐热性和机械强度都很高。

（3）高密度聚乙烯（HDPE）。通常采用 V ～ Ⅷ族过渡金属的卤化物作主催化剂，Ⅰ～Ⅱ族的金属烷基化合物为助催化剂，在温度为 60 ～ 70 ℃，压力为 0.1 ～ 0.5 MPa 的环境下，使乙烯在汽油或二甲苯中聚合为聚乙烯，故又称为低压聚乙烯。HDPE 分子中支链少，相对分子质量为 70 000 ～ 350 000，结晶度为 85% ～ 95%，密度为 0.941 ～ 0.965 g/cm³，熔点为 125 ～ 131 ℃，熔体指数为 0.19 ～ 8.09/10 min；具有较高的使用温度、硬度和机械强度，耐化学腐蚀性较好，适宜采用中空吹塑、注塑和挤出法制成各种聚乙烯制品。

（4）超高分子量聚乙烯（UHMWPE）。生产方法与高密度聚乙烯基本相似，国内外生产厂家多采用淤浆法生产。超高分子量聚乙烯的相对分子质量一般为 $(1.80 \sim 2.30) \times 10^6$，高的甚至可达 $(3 \sim 4) \times 10^6$，体积密度为 0.935 ～ 0.945 g/cm³，粉末表观密度为 0.33 ～ 0.40 g/cm³，熔点为 130 ～ 131 ℃。它与普通聚乙烯具有相同的分子结构，但其相对分子质量很高（ >37 000），熔体黏度极高，流动性很差，难用常规方法加工，过去主要采用热模压和冷压热烧结法。目前，经配方调整或与某些液晶聚合物共混后，可直接进行挤出或注塑成型。它具有普通聚乙烯所没有的独特性能，可作为工程塑料制造人体关节、体育器械、特种薄膜、大中小型容器、异型管材、板材制品，还可应用在航空、航天、军工、国防和原子能等方面。

（5）线性低密度聚乙烯（LLDPE）。它是近年新开发并得到迅速发展的一种新型聚乙烯，生产方法主要有气相法、溶液法和淤浆法三种，其中以美国联碳公司的气相法最为成熟，发展最好。其结晶度为 65% ～ 85%，密度为 0.918 ～ 0.930 g/cm³，熔点为 118 ～ 140 ℃，熔体指数为 0.129/10 min，可用作农膜、重包装膜、复合膜、工农业用管、电线、电缆绝缘护套、化工储槽及容器制品等。

5. 聚酰胺（PA）

聚酰胺塑料商品名称为尼龙，是最早出现的能承受负荷的热塑性塑料，也是目前机械、电子、汽车等工业部门应用较广泛的一种工程塑料。

1）性能特点

聚酰胺有很高的抗张强度和良好的冲击韧性，有一定的耐热性，可在 80 ℃以下使用；耐磨性好，作转动零件有良好的消音性，转动时噪声小，耐化学腐蚀性良好。

2）各品种的特性

聚酰胺品种很多，主要有聚酰胺 -6、-66、-610、-612、-8、-9、-11、-12、-1010 以及多种共聚物，如聚酰胺 -6/66、-6/9 等。

Ⅰ. 聚酰胺 -6

聚酰胺 -6 又名聚己内酰胺，具有优良的耐磨性和自润滑性，耐热性和机械强度较高，低温性能优良，能自熄，耐油、耐化学腐蚀，弹性好，冲击强度高，耐碱性优良，耐紫外线和日照。其缺点是收缩率大，尺寸稳定性差。工业上用于制造轴承、齿轮、滑轮、传动皮带等，还可抽丝和制成薄膜作包装材料。

Ⅱ. 聚酰胺 -66

聚酰胺 -66 又名聚己二酰己二胺，性能和用途与聚酰胺 -6 基本一致，但成型比聚酰胺 -6 困难。聚酰胺 -66 还能制作各种把手、壳体、支撑架、传动罩和电缆等。

Ⅲ. 聚酰胺 -610

聚酰胺 -610 又名聚癸二酰己二胺，吸水性小，尺寸稳定性好，低温强度高，耐强碱强酸,耐一般溶剂,强度介于聚酰胺-66和聚酰胺-6之间,密度较小,加工容易,主要用于机械工业、汽车、拖拉机中作齿轮、衬垫、轴承、滑轮等精密部件。

Ⅳ. 聚酰胺-612

聚酰胺-612又名聚十二烷二酰己二胺,性能与聚酰胺-610相近,尺寸稳定性更好,主要用于精密机械部件、电线电缆被覆、枪托、弹药箱、工具架和线圈架等。

Ⅴ. 聚酰胺-8

聚酰胺-8又名聚辛酰胺,性能与聚酰胺-6相近,可作模制品、纤维、传送带、密封垫圈和日用品等。

Ⅵ. 聚酰胺-9

聚酰胺-9又名聚壬酰胺,耐老化性能最好,热稳定性好,吸湿性低,耐冲击性好,主要用作汽车或其他机械部件、电缆护套、金属表面涂层等。

Ⅶ. 聚酰胺-11

聚酰胺-11又名聚十一酰胺,低温性能好,密度小,吸湿性低,尺寸稳定性好,加工范围宽,主要用于制作硬管和软管,适于输送汽油。

Ⅷ. 聚酰胺-12

聚酰胺-12又名聚十二酰胺,密度最小,吸水性小,柔软性好,主要用于制作各种油管、软管、电线电缆被覆、精密部件和金属表面涂层等。

Ⅸ. 聚酰胺-1010

聚酰胺-1010又名聚癸二酰癸二胺,具有优良的机械性能,拉伸、压缩、冲击、刚性等都很好,耐酸碱及其他化学药品,吸湿性低,电性能优良,主要用于制造合成纤维和各种机械零件等。

6. 聚碳酸酯(PC)

聚碳酸酯是20世纪60年代初发展起来的一种热塑性工程塑料,通过共聚、共混和增强等途径,又发展了许多改性品种,提高了加工和使用性能。

1)性能特点

聚碳酸酯有突出的抗冲击强度和抗蠕变性能,较高的耐热性和耐寒性,可在-100~+130℃范围内使用;抗拉、抗弯强度较高,并有较高的伸长率和高的弹性模量;在较大的温度范围内,有良好的电性能,吸水率较低,尺寸稳定性好,耐磨性较好,透光率较高,并有一定的抗化学腐蚀性能;成型性好,可用注射、挤塑等成型工艺制成棒、管、薄膜等,适应各种需要。其缺点是耐疲劳强度低,耐应力开裂差,对缺口敏感,易产生应力开裂。

2)用途

聚碳酸酯主要用作工业制品,代替有色金属及其他合金,在机械工业上作耐冲击和高强度的零部件、防护罩、照相机壳、齿轮齿条、螺丝、螺杆、线圈框架、插头、插座、开关、旋钮。玻纤增强聚碳酸酯具有类似金属的特性,可代替铜、锌、铝等压铸件;在电子、电气工业中用作电绝缘零件、电动工具以及外壳、把手、计算机部件、精密仪表零件、接插元件、高频头、印刷线路插座等。聚碳酸酯与聚烯烃共混后适合于作安全帽、纬纱管、餐具、电气零件及着色板材、管材等;与ABS共混后,适合于作高刚性、高冲击韧性的制件,如安全帽、泵叶轮、汽车部件、电气仪表零件、框架、壳体等。

7. 聚甲醛(POM)

聚甲醛是 20 世纪 60 年代出现的一种热塑性工程塑料,有均聚和共聚两大类,是一种没有侧链的、高密度的、高结晶性的线型聚合物,用玻纤增强可提高其机械强度,用石墨、二硫化钼或四氟乙烯润滑剂填充可改进其润滑性和耐磨性。

1)性能特点

聚甲醛通常为白色粉末或颗粒,熔点为 153~160 ℃,结晶度为 75%,聚合度为 1 000~1 500,具有优良的综合性能,如高的刚度和硬度、极佳的耐疲劳性和耐磨性、较小的蠕变性和吸水性、较好的尺寸稳定性和化学稳定性、良好的绝缘性等。其主要缺点是耐热老化和耐大气老化性较差,加入有关助剂和填料后,可得到改进。此外,聚甲醛易受强酸侵蚀,熔融加工困难,非常容易燃烧。

2)用途

聚甲醛在机电工业、精密仪表工业、化工、电子、纺织、农业等部门均有广泛应用,主要是代替部分有色金属与合金制作一般结构零部件,耐磨、耐损耗以及承受高负荷的零件,如轴承、凸轮、滚轮、辊子、齿轮、阀门上的阀杆、螺母、垫圈、法兰、仪表板、汽化器、各种仪器外壳、箱体、容器、泵叶轮、叶片、配电盘、线圈座、运输带和管道、电视机微调滑轮、盒式色磁带滑轮、洗衣机滑轮、驱动齿轮和线圈骨架等。

8. 聚砜(PSU)

聚砜是 20 世纪 60 年代出现的一种耐高温、高强度热塑性塑料,被誉为"万用高效工程塑料"。它一般为微带琥珀色的透明体,也有的是象牙色的不透明体,能在较宽的温度范围内制成透明或不透明的各种颜色,通常应用染料干混法而不能用颜料干染。聚砜可用注射、挤塑、吹塑、中空成型、真空成型、热成型等方法加工成型,还能进行一般机械加工和电镀。

1)性能特点

(1)耐热性能好,可在 -100~ +150 ℃的温度范围内长期使用,短期可耐温 195 ℃,热变形温度为 174 ℃(1.82 MPa)。

(2)蠕变值极低,在 100 ℃、20.6 MPa 负荷下,蠕变值仅为 0.5%。

(3)机械强度高,刚性好。

(4)优良的电气特性,在 -73~ +150 ℃的温度下长期使用,仍能保持相当高的电绝缘性能;在 190 ℃高温下,置于水或湿空气中也能保持介电性能。

(5)有良好的尺寸稳定性。

(6)有较好的化学稳定性和自熄性。

2)成型和使用上的缺点

(1)成型加工性能较差,要求在 330~380 ℃的高温下加工。

(2)耐候及耐紫外线性能较差。

(3)耐极性有机溶剂(如酮类、氯化烃等)较差。

(4)制品易开裂。

加入玻纤、矿物质或合成高分子材料,可改善其成型和使用性能。

3)用途

聚砜主要用于制作高强度的耐热零件、耐腐蚀零件和电气绝缘件,特别适用于既要强度高、蠕变小,又要耐高温、尺寸稳定性好的制品,如精密且小型的电子、电气、航空工业应用的耐热部件、汽车分速器盖、电子计算机零件、洗涤机零件、电钻壳件、电视机零件、印刷电路材料、线路切断器、冰箱零件等。此外,还可用作结构型黏结剂。

9. 聚苯醚(PPO)与氯化聚醚(CPS)

1)聚苯醚

聚苯醚机械特性优于聚碳酸酯、聚酰胺和聚甲醛,一般为琥珀色透明体。在目前生产的热塑性塑料中,玻璃化温度最高(210 ℃),吸水性最小,室温下饱和吸水率为0.1%。

Ⅰ.性能特点

(1)使用温度范围宽。长期使用温度范围为 -127 ~ +121 ℃;在无负荷条件下,间断使用温度可达205 ℃;当有氧存在时,从121 ℃起到438 ℃逐渐交联,基本上为热固性塑料。

(2)具有突出的力学性能,抗张强度和抗蠕变性、尺寸稳定性最好。

(3)耐化学腐蚀性好。能耐较高浓度的无机酸、有机酸及其盐类的水溶液,在120 ℃水蒸气中可耐200次反复加热。

(4)优良的电性能。在温度和频率变化很大的范围内,绝缘性能基本保持不变。

(5)耐污染、耐磨性好,无毒、难燃、有自熄性。

Ⅱ.缺点

(1)熔融黏度大、流动性差,成型加工比一般工程塑料困难。

(2)制品内应力大、易开裂。

(3)通过与共聚物共混、玻纤增强、聚四氟乙烯填充等多种途径进行改性,可改善其内应力及加工性能。

Ⅲ.掺混机械接枝改性方法

改性方法通常是聚苯醚树脂的嵌段、接枝共聚、增塑、掺混机械接枝等,以掺混机械接枝最能符合各方面的要求。

Ⅳ.用途

聚苯醚主要用于制造电子工业中的绝缘件、耐高温电气结构零部件,并可代替有色金属和不锈钢作各种机械零件和外科手术用具,如绝缘支柱、高频骨架、各种线圈架、配电箱、电容器零件、变压器用件、无声齿轮、轴承、凸轮、运输设备零件、泵叶轮、叶片、水泵零件、水箱零件、海水蒸发器零件、高温用化工管道、紧固件、连接件、电机电极绕线芯、转子、机壳等。此外,它还可用作耐高温的涂层与黏合剂。

2)氯化聚醚

氯化聚醚是20世纪50年代末出现的一种具有突出化学稳定性的热塑性工程塑料,通常呈草黄色半透明状,机械性能处于聚乙烯和聚酰胺之间,电性能类似于聚甲醛,耐腐蚀性仅次于聚四氟乙烯,难燃,可注射、挤出、吹塑和压制加工成各种制品,有较好的综合性能。

Ⅰ.性能特点

(1)除化学稳定性很突出之外,还有优异的耐磨性和减摩性,比聚酰胺、聚甲醛好。

(2)吸水率小。在室温下24 h的吸水率仅为0.01%。

(3)玻璃化温度较低,制品内应力能自消,无应力开裂现象,适用于金属嵌件与形状复杂的制品。

(4)有较好的耐热性,可在120 ℃下长期使用。

(5)缺点是刚性和抗冲强度较差。

Ⅱ. 用途

氯化聚醚可代替部分不锈钢和氟塑料,应用于化工、石油、矿山、冶炼、电镀等部门作防腐涂层、贮槽、容器、反应设备衬里、化工管道、耐酸泵件、阀、滤板、窥镜和绳索等,代替有色金属与合金作机械零件、配件和仪表零件等,还可用作导线绝缘材料和电缆包皮。

10. 聚对苯二甲酸丁二醇酯(PBTP)

聚对苯二甲酸丁二醇酯是国外 20 世纪 70 年代发展起来的一种具有优良综合性能的热塑性工程塑料。它熔融冷却后,迅速结晶,成型周期短,厚度达 100 μm 的薄膜仍具高度透明性。

1)性能特点

(1)成型性和表面光亮度好,韧性和耐疲劳性好,适宜注射薄壁和形状复杂制品;摩擦系数低、磨耗小,可作各种耐磨制品。

(2)吸水率低、吸湿性小,在潮湿或高温环境下甚至在热水中,也能保持优良电性能。

(3)耐化学腐蚀、耐油、耐有机溶剂性好,特别能耐汽油、机油和焊油等,能适应黏合、喷涂和灌封等工艺。

(4)用玻纤增强可提高机械强度、使用温度和使用寿命,可在 140 ℃ 以下作结构材料长期使用。

(5)可制成阻燃产品,在正常加工条件下不分解、不腐蚀机具,制品机械强度不下降,并且使用中阻燃剂不析出。

2)用途

在电子工业中主要用于电视机行输出变压器、调谐器、接插件、线圈骨架、插销、小型马达罩、录音机塑料部件等。

11. 丙烯腈－苯乙烯共聚物(AS)

AS 是丙烯腈(A)、苯乙烯(S)的共聚物,也称 SAN。

1)性能特点

(1)粒料呈水白色,可为透明、半透明或着色成不透明;AS 呈脆性,对缺口敏感,在 $-40 \sim +50$ ℃温度范围内抗冲强度没有较大变化。

(2)耐动态疲劳性较差,但耐应力开裂性良好,最高使用温度为 $75 \sim 90$ ℃,在 1.82 MPa 下热变形温度为 $82 \sim 105$ ℃。

(3)体积电阻 $>1\,015$ $\Omega \cdot$ cm,耐电弧性好,燃烧速度 2 cm/min,燃时无滴落。

(4)具有中等耐候性,老化后发黄,但可加入紫外线吸收剂改善。

(5)性能不受高湿度环境的影响,能耐无机酸碱、油脂和去污剂。

(6)粒料在加工前需在 $70 \sim 85$ ℃下预干燥,在 230 ℃、49 N 载荷下熔体指数为 $(3 \sim 9) \times 10^{-3}$ kg/10 min。注射成型温度为 $180 \sim 270$ ℃,注射模温为 $65 \sim 75$ ℃、收缩率为 $0.4\% \sim 0.7\%$、挤塑温度为 $180 \sim 230$ ℃,能吹塑,片材也能进行小拉伸比的热成型。

2)用途

AS 制品能用作盘、杯、餐具、冰箱部件、仪表透镜和包装材料,并广泛应用于制作无线电零件。

2.2　塑料模具的分类及特点

在生产实践中,由于涉及成型塑料的品种、塑件的结构形状及尺寸精度、生产批量、注射机类型和注射工艺条件等诸多因素,注射成型模具(以下简称注射模)的结构形式多种多样。

塑料成型模具是成型塑料制件的主要工艺装备之一。它使塑料获得一定的形状和所需性能,对达到塑料加工工艺要求、塑料制件使用要求和造型设计要求起着重要的作用。对应不同工艺要求的塑料制件加工,塑料成型模具可分为以下几类。

1. 塑料注射成型模具

塑料注射成型模具的加工设备是注射成型机,塑料首先在注射机料筒内受热熔融,然后在螺杆或柱塞推动下,经喷嘴和模具的浇注系统进入模具型腔,塑料冷却固化成型,脱模后得到制件。注射成型加工通常适用于热塑性塑料制件生产,是塑料制件生产中应用最广的一种加工方法。

2. 塑料挤出成型模具

利用挤出机的加热加压装置,使处于黏流状态的塑料在高温高压下通过具有特定截面形状的机头口模,并经冷却定型装置硬化成型,以获得具有所需截面形状的连续型材,这种成型方法称为挤出成型,其所使用的模具称为挤出成型模具或挤出模,也称挤出机头。挤出成型工艺通常只适用于热塑性塑料制件的生产。

3. 塑料压缩成型模具

将计量好的成型物料放入成型温度下的模具型腔或加料室中,闭合模具,塑料在高热高压作用下呈软化黏流状态,经一定时间后固化成型,成为所需制品形状。压缩模具多用于成型热固性塑料制件,也可用于成型热塑性塑料制件。

4. 塑料压注成型模具

通过柱塞使在加料腔内受热塑化熔融的热固性塑料,经浇注系统压入被加热的闭合型腔并固化成型,这种成型方法称为压注成型,其所使用的模具称为压注成型模具或压注模具。压注模具多用于成型热固性塑料制件。

5. 中空吹塑成型模具

将挤出或注射出来的熔融状态的管状坯料置于模具型腔内,借助压缩空气使管坯膨胀贴紧于模具型腔壁上,冷硬后获得中空塑件,这种成型方法称为中空吹塑成型,其所使用的模具称为中空吹塑模具或吹塑模具。

6. 气压(真空或压缩空气)成型模具

此类模具为单一的阴模或阳模,借助真空泵或压缩空气,使固定在模具上并被加热软化的塑料板材、片材紧贴在模具型腔,冷却定型后即得塑件,这种成型方法称为气压成型,其所使用的模具称为气压成型模具。

2.3　注塑模具的设计要点

注塑模具主要指用于注射成型设备的模具,该类模具的设计一般是先从塑件的材料入手,结合塑件的形状特点,进一步分析其成型工艺特性,确定模具的结构及尺寸。

2.3.1 注塑模类型选用

1. 注塑件材料的确定

(1)根据塑件技术要求和塑料模塑成型工艺文件技术参数,进行模具设计与制造可行性分析。

(2)保证达到塑件质量要求。通常用户已规定了塑料的品种,设计人员必须充分掌握材料的种类及其成型特性:

①所用材料是热塑性还是热固性以及其他的一些相关性质;

②所用材料的成型工艺性能(流动性、收缩率、吸湿性、比容、热敏性、腐蚀性等)。

2. 分析注塑件的结构工艺性

为保证达到塑件形状、精度、表面质量等要求,对分型面的设置方法、拼缝的位置、侧抽芯的措施、脱模斜度的数值、熔接痕的位置、防止出现气孔和型芯偏斜的方法及型腔和型芯的加工方法等进行分析。

用户提供塑件形状数据,有塑件图纸或塑件模型,根据这些数据应作以下分析:

(1)塑件的用途、使用和外观要求,各部位的尺寸和公差、精度和装配要求;

(2)根据塑件的几何形状(壁厚、孔、加强筋、嵌件、螺纹等)、尺寸精度、表面粗糙度,分析是否满足成型工艺的要求;

(3)如发现塑件某些部位结构工艺性差,可提出修改意见,取得设计人员的同意后方可修改;

(4)初步考虑成型工艺方案以及分型面、浇口形式及模具结构。

3. 注塑模具结构的选择

1)确定模具类型

在对模具设计进行初步分析后,即可确定模具的结构。通常模具结构按以下方法分类,可以进行综合分析以选择合理的结构类型。

(1)按浇注系统的形式分类,模具类型有两板式模具、三板式模具、多板式模具、特殊结构模具(叠层式模具)。

(2)按型腔结构分类,模具类型有直接加工型腔(又可细分为整体式结构、部分镶入结构和多腔结构)、镶嵌型腔(又可细分为镶嵌单只型腔和镶嵌多只型腔)。

(3)按驱动侧芯方式分类,模具类型有利用开模力驱动(可分为斜导柱抽芯、齿轮机构抽芯等)、利用顶出液压缸抽芯和利用电磁抽芯。

2)确定模具主要结构

Ⅰ. 型腔布置

根据塑件的几何结构特点、尺寸精度要求、批量大小、模具制造难易、模具成本等确定型腔排布方式。

Ⅱ. 合理地确定型腔数

为了提高塑件生产的经济效益,在注射机容量能满足的前提下,应计算出较合理的型腔数。随型腔的数量增多,每一塑件的模具费用有所降低。型腔数的确定一般与塑件的产量、成型周期、塑件价格、塑件重量、成型设备、成型费用等因素有关。

4. 确定分型面

分型面的位置要利于模具加工、排气、脱模及成型操作,保证塑件表面质量等。分型面的选择原则如下:

(1)符合塑件能从模具中脱模的基本要求,分型面位置应设在塑件脱模方向最大的投影边缘部位;

(2)分型线不影响塑件外观表面的光滑;

(3)确保塑件留在动模一侧,利于推出,且推杆痕迹不留于塑件的外观表面;

(4)确保塑件的质量精度;

(5)塑件应尽量避免形成侧孔、侧凹等结构,尽量避免使用定模滑块;

(6)合理布置浇注系统,特别是浇口位置;

(7)有利于模具加工。

5. 确定成型设备的规格和型号

根据塑件所用塑料的类型和重量、塑件的生产批量、成型面积大小,粗选成型设备的型号和规格。由于模具用户厂拥有的注射机规格和性能不完全相同,所以必须掌握模具用户厂成型设备的以下内容:

(1)与模具安装有关的尺寸规格,其中有模具安装台面的尺寸、安装螺纹孔的分布和规格、模具的最小闭合高度、开模距离、拉杆之间的距离、推出塑件的形式、模具的装夹方法和喷嘴规格等;

(2)附属装置,其中有取件装置、调温装置、液压或空气压力装置等。

模具结构的形式确定后,根据模具与设备的关系,进行必要的校核。

6. 考虑生产能力和效率

通常用户对模具寿命会提出要求,例如总的注射次数。设计人员根据用户要求,可分别采用长寿命模具或适用于小批量生产的简易模具。有的用户还对每一次注射成型循环的时间提出要求,这时设计人员必须对一次性注射成型的循环过程进行详细分析。

2.3.2　浇注系统选择

浇注系统是指从主流道的始端到型腔之间的熔体流通通道,其作用是使塑料熔体平稳而有序地填充到型腔中,并将注射压力有效地传递到型腔的各个部位,以获得组织致密、外形轮廓清晰的塑件。

普通浇注系统由主流道、分流道、浇口和冷料穴四部分组成。

1. 浇注系统的设计原则

浇注系统的设计是注塑模具设计的一个重要环节,它直接影响注塑成型周期和塑件质量,设计时要遵循以下原则:

(1)型腔布置和浇口开设部位力求对称,防止模具因承受的熔料不同而产生溢料现象;

(2)型腔和浇口的排列要尽可能地使模具外形尺寸紧凑;

(3)系统流道应尽可能短,断面尺寸适当(太小则压力及热量损失大,太大则塑料耗费大),尽量减小弯折,表面粗糙度要低,以使热量及压力损失尽可能小;

(4)对多型腔应尽可能使塑料熔体在同一时间内进入各个型腔的深处及角落,即分流道尽可能采用平衡式布置;

（5）在满足型腔充满的前提下,浇注系统容积尽量小,以减少塑料的耗费。

2. 主流道的设计要点

（1）主流道和喷嘴对接处应设计成半球形凹坑,凹坑深度通常为 3～5 mm,球面半径应比注射机喷头球面半径大 1～2 mm,主流道小端直径应比注射机喷嘴直径大 0.5～1 mm。

（2）主流道圆锥角通常取 2°～6°。

（3）主流道的长度应尽量短,一般小于 60 mm,过长会增加压力损失,使塑料熔体的温度下降过多。

（4）浇口套常用优质合金钢制造,也可以用碳钢,并选用相应的热处理,在保证足够硬度的同时,也要考虑使其硬度低于注射机喷嘴的硬度。

（5）小型模具可以将主流道、浇口套与定位圈设计成整体式。

3. 分流道的设计要点

1）分流道的设计原则

（1）塑料熔体流经分流道时的温度、压力损失要小。

（2）分流道的固化时间应稍后于塑件的固化时间。

（3）保证塑料熔体顺利而均匀地进入各个型腔。

（4）分流道的容积要小,长度应尽可能短。

（5）分流道的形状要便于加工。

2）分流道的断面形状

单型腔注射模通常不用分流道,但多型腔注射模必须开设分流道。分流道开设在动、定模分型面的两侧或任意一侧,其截面形状如图 2-1 所示。其中:圆形截面(图 2-1(a))分流道的比表面积(流道表壁面积与容积的比值)最小,塑料熔体的热量不易散发,所受流动阻力小,但需要开设在分型面两侧,而且上下两部分必须互相吻合,加工难度较大;梯形截面(图 2-1(b))分流道容易加工,且熔体的热量散发和流动阻力都不大,因此最为常用;U 形截面(图 2-1(c))分流道的优缺点和梯形截面的基本相同,常用于小型制品;半圆形截面(图2-1(d))和矩形截面(图 2-1(e))分流道因为比表面积较大,一般不常用。

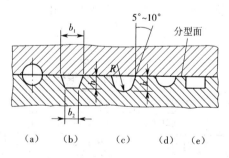

图 2-1　分流道的截面形状

分流道的尺寸需根据制品的壁厚、体积、形状复杂程度以及所用塑料的性能等因素而定,对于常用的梯形截面和 U 形截面分流道的尺寸可参考表 2-1 设计。分流道表壁的表面粗糙度不宜太小,一般要求达到 $Ra1.25～2.5\ \mu m$ 即可。当分流道较长时,其末端应设计冷料穴。

表 2-1 梯形截面和 U 形截面分流道的推荐尺寸 　　　　　mm

截面形状	截面尺寸						
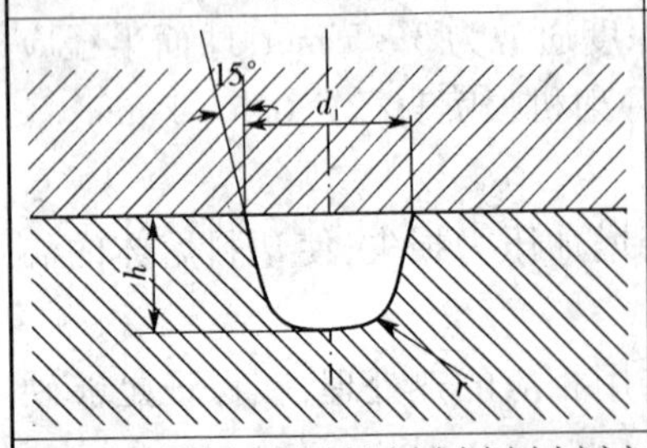	d_1	4	6	(7)	8	(9)	10	12
	h	3	4	(5)	5.5	(6)	7	8
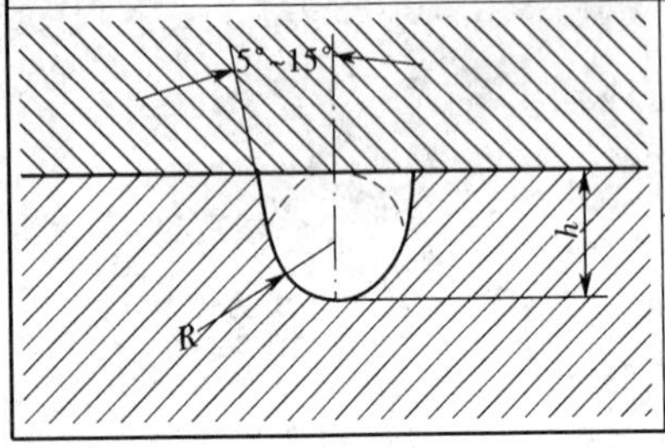	R	2	3	(3.5)	4	(4.5)	5	6
	h	4	5	(7)	8	(9)	10	12

注:1. 括号内尺寸不推荐采用。

  2. r 一般为 3 mm。

3) 分流道的截面尺寸计算

分流道的截面尺寸可根据塑料的品种、质量、壁厚以及分流道的长度来选定。对于壁厚小于 3 mm、质量在 200 g 以下的塑件,可以采用下面的经验公式来确定分流道的直径:

$$D = 0.265\, 4\sqrt{G} \cdot \sqrt[4]{L}$$

式中　D——分流道的直径(mm);

　　　G——塑件的质量(g);

　　　L——分流道的长度(mm)。

对于高黏度的塑料,可将直径扩大 25%。表 2-2 列出了常见塑料注射时分流道的直径推荐值。

表 2-2 分流道的直径推荐值

塑料名称	推荐直径/mm	塑料名称	推荐直径/mm	塑料名称	推荐直径/mm
ABS、SAS	4.8~9.5	乙酸纤维	4.8~9.5	聚砜	6.4~9.5
聚苯乙烯	3.2~9.5	改性有机玻璃	7.9~9.5	聚苯醚	6.4~9.5
聚乙烯	1.6~9.5	聚酰胺	1.6~9.5	软聚氯乙烯	3.2~9.5
聚丙烯	4.8~9.5	聚碳酸酯	4.8~9.5	硬聚氯乙烯	6.4~9.5

4) 分流道的布置

分流道的布置有平衡式和非平衡式两种,一般以平衡式分布为佳。平衡式分布的形式如图 2-2 所示,其主要特点是各个型腔同时均衡进料,且要求从主流道到各个型腔的分流道的长度、形状、截面尺寸都必须对应相等。非平衡式分布的形式如图 2-3 所示,其主要特点是从主流道到各个型腔长度不同,但是为了使进料均衡,需要仔细计算和多次修改才能达到要求,基本的平衡方法是不改变浇口的截面面积,而只改变浇口的长度,这样比较容易修改。

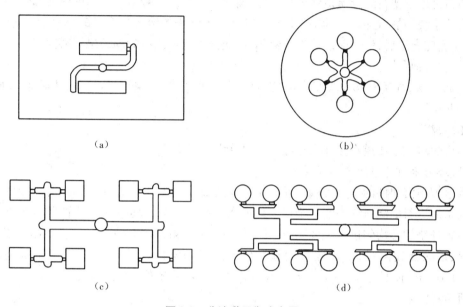

图 2-2　分流道平衡式布置

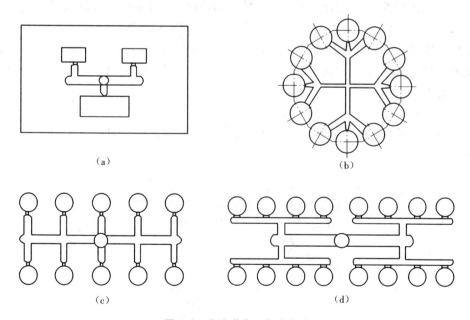

图 2-3　分流道非平衡式布置

　　不管是平衡式布置还是非平衡式布置,都牵扯到型腔数目的问题。型腔数目与制品精度、所选择注射机型号、生产批量等都有关系。对于技术要求高的塑件(如光学件等),一般只能一模一腔;对于技术要求不严格的一般塑件,可根据实际情况进行设计。

4.浇口的设计要点

浇口是主流道、分流道与型腔之间的连接部分,即浇注系统的终端,是浇注系统中最关键的环节,对保证塑件质量具有重要作用。

浇口是熔融塑料经分流道注入型腔的进料口,是分流道和型腔之间的连接部分,也是注射模浇注系统的最后部分。其基本作用是使从分流道来的熔融塑料以最快的速度进入并充满型腔,型腔充满后,浇口能迅速冷却封闭,防止型腔内还未冷却的熔融塑料回流。

1)浇口的形式

根据国标 GB/T 8846—2005 的规定,浇口分为直浇口、点浇口、侧浇口、环形浇口和盘形浇口等几种形式。

Ⅰ.直浇口

熔融塑料经主流道直接注入型腔的浇口称为直浇口。

Ⅱ.环形浇口与盘形浇口

熔融塑料沿塑件的整个外圆周而扩展进料的浇口称为环形浇口,熔融塑料沿塑件的内圆周而扩展进料的浇口称为盘形浇口。环形浇口和盘形浇口均适用于长管形塑件,它们都能使熔料环绕型芯均匀进入型腔,充模状态和排气效果好,能减少拼缝痕迹。但浇注系统凝料较多,切除比较困难,浇口痕迹明显。环形浇口的浇口设计在型芯上,浇口的厚度为 0.25~1.6 mm,长度为 0.8~1.8 mm;盘形浇口的尺寸可参考环形浇口设计。

Ⅲ.点浇口

截面形状如针点的浇口称为点浇口。点浇口截面一般为圆形,在模腔与浇口的接合处还应采取倒角或圆弧,以避免浇口在开模拉断时损坏制品。当制品尺寸较大时,可以使用多个点浇口从多处进料,由此缩短塑料熔体填充时间,并减小制品翘曲变形。

点浇口能够在开模时被自动拉断,浇口痕迹很小不需修整,容易实现自动化。但采用点浇口进料的浇注系统,在定模部分必须增加一个分型面,用于取出浇注系统的凝料,使模具结构比较复杂。

Ⅳ.侧浇口

设置在模具的分型面处,从塑件的内或外侧进料,截面为矩形的浇口称为侧浇口,如图2-4 所示。

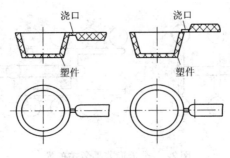

图2-4 侧浇口

2)浇口位置的选择原则

(1)尽量缩短流动距离。浇口的位置应该使塑料熔体快速、均匀及更好地单向流动,并且有合适的浇口凝固时间,这对大型塑件显得尤为重要。

（2）浇口位置应避免熔体产生喷射和蠕动现象。喷射充模完全改变了型腔填充顺序，不是由近及远地逐渐扩展推进流动，而是先射向浇口的远端，造成熔料由远及近地折叠堆积，使塑件表面产生波纹状流痕或融合不良的折痕，同时也阻碍了型腔的顺利排气，为此可改用加大浇口尺寸或冲击型浇口。

（3）浇口的位置要有利于充模流动、排气和补料。对于结构不对称和壁厚不均匀的塑件，浇口位置的选择应使熔体进入型腔的阻力较小，熔体到达型腔不同部位的流程差较小，压力均衡，熔体充模流动容易，塑件密度分布均匀，减少不同部位的收缩差。从易于补料的角度考虑，壁厚不均匀的塑件，应将浇口设置在壁厚较大的部位。薄壁部位冻结较快，不易补料。浇口的位置还应有利于包风的排除，否则会造成短射、烧焦或在浇口处产生较高的压力。

（4）浇口的位置应尽可能避免熔接痕的产生。如果实在无法避免，应使它们不处于功能区、负载区、外观区。一般采用直接浇口、环形浇口，可以避免熔接痕的产生。

（5）减小塑件翘曲变形。注射成型时，在充模、补料和倒流阶段都会造成大分子流动方向变形取向，熔体冻结时分子的变形也被冻结在制品中，变形部分形成制品内应力，取向造成各方向收缩率不均匀，以致引起制品内应力和翘曲变形。一般沿取向方向收缩率大于非取向方向，沿取向方向的制品强度高于垂直取向方向，结晶性塑料这种差异尤其明显。

5. 冷料穴的设计要点

冷料穴位于主流道正对面的动模上，或处于分流道的末端，能防止两次注射间隔产生的"冷料"和料流前锋的"冷料"进入型腔影响塑件质量。

对于立、卧式注射机用模具，冷料穴位于主分型面的动模一侧；对于直角式注射机用模具，冷料穴是主流道的自然延伸。因为立、卧式注射机用模具的主流道在定模一侧，模具打开时，为了将主流道凝料能够拉向动模一侧并在顶出行程中将它脱出模外，动模一侧应设有拉料杆。应根据脱模机构的不同，正确选取冷料穴与拉料杆的匹配方式。

1）冷料穴与 Z 形拉料杆匹配

冷料穴底部装一个头部为 Z 形的圆杆，动、定模打开时，借助头部的 Z 形钩将主流道凝料拉向动模一侧，在顶出行程中将凝料顶出模外。Z 形拉料杆安装在顶出元件（顶杆或顶管）的固定板上，与顶出元件的运动是同步的，如图 2-5（a）所示。由于顶出后从 Z 形钩上取下冷料穴凝料时需要横向移动，故顶出后无法横向移动的塑件不能采用 Z 形拉料杆，因此 Z 形拉料杆不宜用于全自动机构中。此外，如果在一副模具中使用多个 Z 形拉料杆，应确保缺口的朝向一致，否则不易从拉料杆上取出浇注系统。

2）冷料穴与圆锥形拉料杆匹配

拉料杆头部制成圆锥形，这种拉料杆既起到拉料作用，又起到分流锥的作用，因此广泛应用于单腔注射模带有中心孔的塑件，如图 2-5（b）所示。

3）冷料穴与圆环槽形拉料杆匹配

将冷料穴设计为带有一环形槽，动、定模打开时冷料本身可将主流道凝料拉向动模一侧，冷料穴之下的圆杆在顶出行程中将凝料推出模外，这种形式宜用于弹性较好的塑料成型，易于实现自动化操作，如图 2-5（c）所示。

分流道冷料穴可以开在动模的深度方向，也可以将分流道在分型面上延伸作为冷料穴。

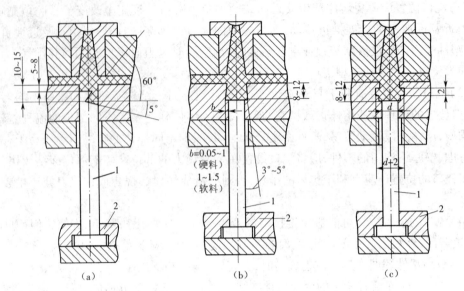

图2-5　适用于顶杆、顶管脱模机构的拉料形式
1—拉料杆;2—顶杆固定板

2.3.3　成型零部件设计

　　构成模具型腔的零件统称为成型零件,主要包括凹模、凸模、型芯、成型杆、型环等。由于型腔直接与高温高压的塑料熔体接触,它决定着塑件的形状与精度,因此要求它有正确的几何形状、较高的尺寸精度和较低的表面粗糙度,还要求它有足够的强度、刚度、硬度和耐磨性。在进行成型零件设计时,首先根据塑料的性能和塑件的形状、尺寸和使用要求,确定型腔的总体结构及布局,再根据成型零件的加工及装配工艺进行结构设计和尺寸计算。

　　1. 成型零件的结构设计

　　成型零件的结构设计是以成型符合质量要求的塑料制品为前提,但也必须考虑金属零件的加工性及模具制造成本。成型零件成本高于模架的价格,随着型腔的复杂程度、精度等级和寿命要求的提高而增加。

　　1) 凹模

　　凹模是成型塑件外表面的成型零件。凹模的基本结构可分为整体式和组合式。采用组合式结构的凹模,对于改善模具加工工艺性有明显好处。

　　Ⅰ. 整体式凹模

　　整体式凹模由整块材料加工而成,如图2-6所示。它的特点有结构简单、强度和刚度较高、不易变形、塑件上不会产生拼缝痕迹;只适用于形状简单或形状复杂但凹模可用电火花和数控加工的中小型塑件。大型模具不采用整体式结构,因为不便于加工、维修困难、切削量太大、浪费钢材,且大件不易热处理(淬不透)、搬运不便,模具生产周期长、成本高。

　　Ⅱ. 组合式凹模

　　组合式凹模是由两个以上成型零件组合而成。按组合方式的不同,可分为整体嵌入式、局部镶嵌式、底部镶拼式和侧壁镶拼式等形式。在型腔的结构设计中,采用镶拼结构有以下

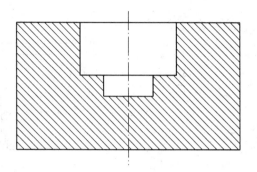

图 2-6　整体式凹模结构

优势:

(1)简化型腔加工,将复杂的型腔内形加工变成镶件的外形加工,降低了型腔整体的加工难度;

(2)镶件可用高碳钢或高碳合金钢淬火,淬火后变形较小,可用专用磨床研磨复杂形状和曲面,型腔中使用镶件的局部型腔有较高精度和耐磨性并可置换;

(3)可节约优质塑料模具钢,尤其对于大型机具更是如此;

(4)有利于排气系统和冷却系统的通道设计和加工。

Ⅰ)整体嵌入式凹模

整体嵌入式凹模适用于小型塑件的多型腔模。将多个一致性好的整体型腔镶块嵌入到型腔固定板中,嵌入的型腔镶块可用低碳钢或低碳合金钢通过一个冲模冷挤成多个,再渗碳淬火后抛光;也可用电铸法成型型腔,即使用一般机加工方法加工各型腔镶块,由于容易测量,也能保证一致性。整体嵌入式型腔结构能节约优质模具钢,嵌入模板后有足够强度与刚度,使用可靠且置换方便。

整体嵌入式凹模装在固定模板中,要防止嵌入件松动和旋转,要有防脱吊紧螺钉和防转销钉,如图 2-7(a)、(b)所示。带轴肩的嵌入式凹模能有效防止固定板脱出,但需底板压固,如图 2-7(b)、(c)所示。采用过渡配合甚至过盈配合,可使嵌入件固定牢靠。

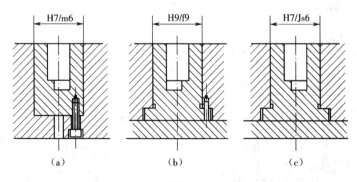

图 2-7　整体嵌入式凹模

Ⅱ)局部镶嵌式凹模

各种结构的型腔,都可用镶件或拼块组成型腔的局部。图 2-8 所示为局部镶拼式型腔,镶件可嵌拼在四壁,也可镶嵌在底部。

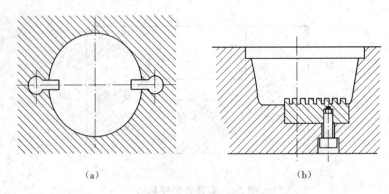

图 2-8　局部镶拼式凹模

Ⅲ）底部镶拼式凹模

通孔型腔在加工切削、线切割、磨削、抛光及热处理加工时较为方便。无底型腔加工后装上底板，即构成底部镶拼式型腔，如图 2-9 所示。

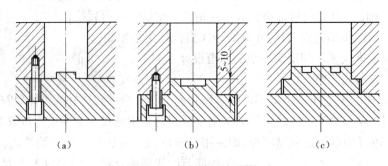

图 2-9　底部镶拼式凹模

Ⅳ）侧壁镶拼式凹模

侧壁镶拼式凹模型腔的全部为由许多镶件拼合的全拼块式的结构，仅用于小型精密的注塑模；也有型腔四壁用拼块套箍在模板中的结构，适用于大型模具，如图 2-10 所示。但要注意拼缝位置的选择。

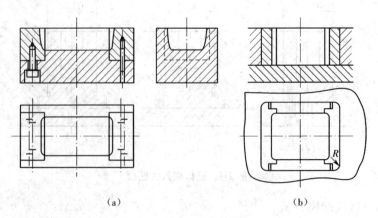

图 2-10　侧壁镶拼式凹模

在镶嵌式凹模结构的设计过程中,还应注意以下几点:

(1)型腔的强度和刚度因有所削弱,故模框板应有足够的强度和刚度;

(2)镶件之间及其与模框之间尽量采用凹凸槽相互扣锁,以减小型腔在高压下的变形和镶件的位移,镶件必须准确定位,并可靠紧固;

(3)镶拼接缝必须配合紧密,转角和曲面处不能设置拼缝,拼缝线方向应与脱模方向一致;

(4)镶拼件的结构应有利于加工、装配和调换,镶拼件的形状和尺寸精度应有利于型腔总体精度,并确保动模和定模的对中性,还应有避免误差累积的措施。

2)型芯和成型杆

型芯是用来成型塑料制品的内表面的成型零件,也称主型芯,用来成型塑件整体的内部形状。小型芯也称成型杆,用来成型塑件的局部孔或槽。型芯有整体式和组合式两种结构。

整体式型芯一般用于形状简单的小型凸模(型芯),如图 2-11 所示。该结构节省了优质模具钢,便于机加工和热处理,也便于动模与定模对准。

图 2-11　整体式型芯

组合式型芯包括整体嵌入式、局部组合式和完全组合式等。

(1)整体嵌入式:将主体型芯镶嵌在模板上,如图 2-12 所示。

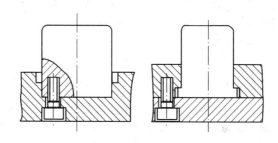

图 2-12　整体嵌入式

(2)局部组合式:当塑件局部有不同形状的孔或沟槽,不易加工时,在主体型芯上局部镶嵌与之对应的形状,以简化工艺,便于制造和维修,如图 2-13 所示。

(3)完全组合式:由多块分解的小型芯镶拼组合而成,用于形状规则又难于整体加工的塑件。可分别对各镶块进行热处理,达到各自所需的硬度,故可长久保持成型件的初始精度,延长模具寿命。另外,可对各组件进行化学处理,提高其耐腐蚀性能。塑件上的孔或槽通常用小型芯来成型,小型芯固定得是否牢靠,对塑件的质量至关重要,常见的固定形式如图 2-14 所示。

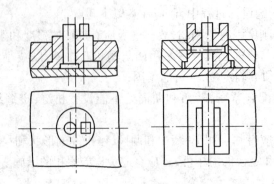

图2-13　局部组合式

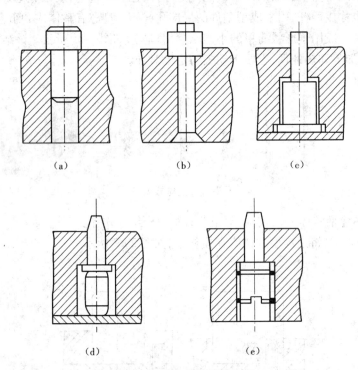

图2-14　型芯与模板的固定

(a)过盈固定　(b)铆接固定　(c)轴肩垫板固定　(d)垫杆固定　(e)螺钉固定

2. 成型零件的尺寸设计

　　成型零件的工作尺寸,要保证所成型塑料制品的尺寸。而影响塑料制品尺寸和公差的因素相当复杂,如模具的制造误差及模具的磨损,塑料成型收缩率的偏差及波动,溢料飞边厚度及其波动,模具在成型设备上的安装调整误差、成型方法及成型工艺的影响等。

　　1)工作尺寸的分类和规定

　　成型零件中与塑料熔体接触并决定制品几何形状的尺寸称为工作尺寸。成型零件的工作尺寸包括以下几种。

　　(1)型腔尺寸,包括深度尺寸和径向尺寸,属于包容尺寸,当型腔与塑料熔体或制品之间产生摩擦磨损后,该类尺寸具有增大的趋势。

（2）型芯尺寸,包括高度尺寸和径向尺寸,属于被包容尺寸,当型芯与塑料熔体或制品之间产生摩擦磨损后,该类尺寸具有缩小的趋势。

（3）中心距尺寸,即成型零件上某些对称结构之间的距离,如孔间距、型芯间距、凹模间距和凸块间距等,该类尺寸通常不受摩擦磨损的影响,因此可视为不变的尺寸。

对制品和成型零件尺寸有以下规定:

（1）制品的外形尺寸采用单向负偏差 $-\Delta$,名义尺寸为最大值,与制品外形尺寸相对应的型腔尺寸采用单向正偏差 $+\Delta$,名义尺寸为最小值;

（2）制品的内形尺寸采用单向正偏差 $+\Delta$,名义尺寸为最小值,与制品内形尺寸相对应的型芯尺寸采用单向负偏差 $-\Delta$,名义尺寸为最大值;

（3）制品和模具上的中心距尺寸均采用双向等值正、负偏差,它们的基本尺寸为平均值,即 $\pm\Delta/2$。

塑料制品图上未注偏差的自由尺寸,应按技术条件取低精度的公差值,按上述规定标注偏差,如图 2-15 所示。

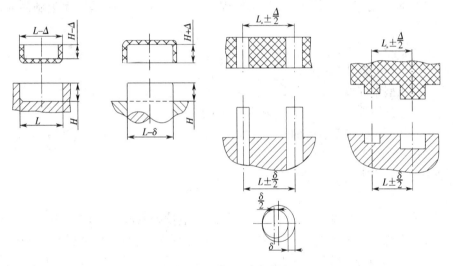

图 2-15　型芯、型腔公差

2）影响塑件尺寸误差的因素及其控制

塑件成型后所获得的实际尺寸与名义尺寸之间的误差称为制品的尺寸偏差。塑件尺寸误差主要从以下几个方面考虑。

Ⅰ. 塑料制品的成型收缩率

塑料制品的成型收缩率可按相应的标准和有关塑料生产厂的产品说明书等资料查找。对于某些不太重要的塑料制品,如日用器具等,可不考虑收缩率。对于尺寸精度有较高要求的塑料制品,只有在成型工艺规程规定条件下制造出试样后,才能获得准确的收缩率值。塑料制品的壁厚、形状、外形尺寸、熔料流长度、浇口形式等均对收缩有影响,这点在计算成型零件工作尺寸时,应予以注意。

在设计模具成型零件时,通常取塑料制品平均收缩率 $S_{av} = \dfrac{S_{max} + S_{min}}{2}$。

Ⅱ. 成型零件的制造偏差

成型零件的制造偏差包括加工偏差和装配偏差。在设计模具成型零件时,一般可取塑件总公差 D 的 $1/6 \sim 1/3$,使由制造偏差所引起的制品尺寸偏差保持在尽可能小的范围内。

Ⅲ. 成型零件的磨损

成型零件的磨损主要来自熔体的冲刷和塑件脱模时的刮磨,其中被刮磨的型芯径向表面的磨损最大。一般要求成型零件的磨损引起的制品尺寸误差不大于制品尺寸公差的 $1/6$。这对于低精度、大尺寸的制品,较容易达到要求;对于高精度、小尺寸的制品则难以保证,此时必须采用镜面钢等耐磨钢种才能达到。在设计模具成型零件时,对于中小型塑件,最大磨损量可取 $D/6$;对于大型塑件,最大磨损量则取 $D/6$ 以下;型腔底面(或型芯端面)与脱模方向垂直,最大磨损量取为 0。

Ⅳ. 模具活动零件配合间隙的影响

模具在使用中导柱与导套之间的间隙会逐渐变大,从而引起制品径向尺寸误差的增大。模具分型面间隙的波动,也会引起制品深度尺寸误差的变化。

在计算模具成型零件工作尺寸时,必须保证制品总的尺寸误差不大于制品允许的公差,即

$$\delta_z + \delta_c + \delta_s + \delta_j \leqslant \Delta$$

式中　δ_z——成型零部件制造误差;

δ_c——成型零部件的磨损量;

δ_s——塑料的收缩率波动引起的塑件尺寸变化值;

δ_j——由于配合间隙引起的塑件尺寸误差;

Δ——塑件的公差。

3) 成型零件工作尺寸计算方法

Ⅰ. 平均值法

当制品的成型收缩率和成型零件工作尺寸或制造偏差及磨损量均为各自的平均值时,制品的尺寸误差也正好为平均值,从而推导出一套计算型腔、型芯和中心距尺寸的公式,这些公式统称为平均值法。按塑件平均收缩率、平均制造公差和平均磨损量来计算,方法简便但精度不高,不适用于精密塑件或制品尺寸比较大时的模具设计。图 2-16 所示为模具成型零件尺寸与制品零件尺寸关系。

Ⅰ) 型腔与型芯径向尺寸

型腔径向尺寸:设塑料平均收缩率为 S_{av};塑件外形基本尺寸为 L_s,塑件公差值为 Δ,则塑件平均尺寸为 $L_s - \dfrac{\Delta}{2}$;型腔基本尺寸为 L_m,其制造公差为 δ_z,成型零部件的磨损量为 δ_c,则型腔平均尺寸为 $L_m + \dfrac{\delta_z}{2}$,型腔磨损为最大值的一半($\dfrac{\delta_c}{2}$),根据塑件公差来确定,成型零件制造公差 δ_z 一般取 $(1/6 \sim 1/3)\Delta$;磨损量一般取小于 $\Delta/6$。故塑件型腔径向尺寸

$$L_m = (L_s + L_s S_{av} - x\Delta)_0^{+\delta_z}$$

式中　x——修正系数,中小型塑件 x 取 3/4,$\delta_z = \Delta/3$,$\delta_c = \Delta/6$;大尺寸和精度较低的塑件 x 取 $1/2 \sim 3/4$,$\delta_z < \Delta/3$,$\delta_c < \Delta/6$。

型芯径向尺寸:设塑件内型尺寸为 l_s,其公差值为 Δ,则其平均尺寸为 $l_s + \Delta/2$;型芯基

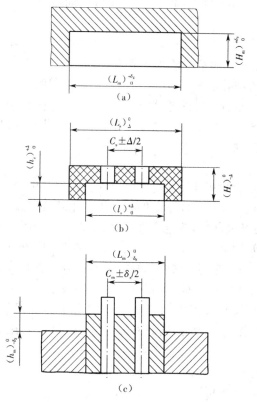

图 2-16　模具成型零件尺寸与制品零件尺寸关系

(a)型腔　(b)塑件　(c)型芯

本尺寸为 l_m ,制造公差为 δ_z ,其平均尺寸为 $l_m - \delta_z/2$ 。故型芯径向尺寸

$$l_m = (l_s + l_s S_{av} + x\Delta)_{-\delta_z}^{0}$$

式中　$x = 1/2 \sim 3/4$ 。

Ⅱ)型腔深度与型芯高度尺寸

型腔深度尺寸:按公差带标注原则,塑件高度尺寸为 $(H_s)_{-\Delta}^{0}$,型腔深度尺寸为 $(H_m)_0^{+\delta_z}$;型腔底面和型芯端面均与塑件脱模方向垂直,磨损很小,因此计算时磨损量 δ_c 不予考虑。故型腔深度尺寸

$$H_m = (H_s + H_s S_{av} - x'\Delta)_0^{+\delta_z}$$

对中小型塑件 x' 取 2/3 , $\delta_z = \dfrac{1}{3}\Delta$;对大型塑件 x' 可在 1/3 ~ 1/2 范围选取, $\delta_z = \dfrac{1}{3}\Delta$ 。

型芯高度尺寸:同理可得型芯高度尺寸

$$h_m = (h_s + h_s S_{av} + x'\Delta)_{-\delta_z}^{0}$$

式中　$x = 1/2 \sim 3/4$ 。

Ⅲ)中心距尺寸

塑件、模具中心距的关系:型芯与成型孔的磨损可认为是沿圆周均匀磨损,不影响中心距,计算时仅考虑塑料收缩,而不考虑磨损余量。

塑件的中心距为 $C_s + \dfrac{1}{2}\Delta$,模具成型零件的中心距为 $C_m \pm \dfrac{1}{2}\delta_z$,其平均值即为其基本尺

寸,且制造误差为 δ_z,活动型芯尚有与其配合孔的配合间隙 δ_j,故中心距尺寸

$$C_m = (C_s + C_s S_{av}) \pm \frac{\delta_z}{2}$$

模具中心距制造公差 δ_z 通常按塑件公差的 1/4 选取。

注意:①对带有嵌件或孔的塑件,在成型时由于嵌件和型芯等影响了自由收缩,故其收缩率较实体塑件小,计算带有嵌件的塑件的收缩值时,上述各式中收缩值项的塑件尺寸应扣除嵌件部分尺寸;②S_{av} 根据实测数据或选用类似塑件的实测数据,如果把握不大,在模具设计和制造时,应留有一定的修模余量。

Ⅱ.公差带法

公差带法,即使成型后的塑件尺寸均在规定的公差带范围内。首先在最大塑料收缩率时满足塑件最小尺寸要求,计算出成型零件的工作尺寸,然后校核塑件可能出现的最大尺寸是否在其规定的公差带范围内;再按最小塑料收缩率时满足塑件最大尺寸要求,计算成型零件工作尺寸,然后校核塑件可能出现的最小尺寸是否在其规定的公差带范围内。

公差带法选用的原则是有利于试模和修模以及有利于延长模具使用寿命。如:对于型腔径向尺寸,修大容易,而修小困难,应先按满足塑件最小尺寸来计算;而对于型芯径向尺寸,修小容易,应先按满足塑件最大尺寸来计算;对于型腔深度和型芯高度计算,也要先分析是修浅(小)容易还是修深(大)容易,据此来确定是先满足塑件最大尺寸还是最小尺寸。验算合格的必要条件:

$$(S_{max} - S_{min}) L_s + \delta_z + \delta_c \leq \Delta$$

若验算合格,型腔径向尺寸则可表示为

$$L_m = (L_s + L_s S_{max} - \Delta)_0^{+\delta_z}$$

若验算不合格,则应提高模具制造精度以减小 δ_z,或降低许用磨损量 δ_c,必要时改用收缩率波动较小的塑料材料。

型芯径向尺寸:塑件尺寸为 $(l_s)_0^{+\Delta}$,型芯径向尺寸为 $(l_m)_{-\delta_z}^0$,与型腔径向尺寸的计算相反,修模时型芯径向尺寸修小方便,且磨损也使型芯变小,计算型芯径向尺寸应按最小收缩率时满足塑件最大尺寸计算,则型芯径向尺寸可表示为

$$l_m = (l_s + l_s S_{min} + \Delta)_{-\delta_z}^0$$

型腔深度尺寸:设计计算型腔深度尺寸时,应先满足塑件高度最大尺寸进行初算,再验算塑件高度最小尺寸是否在公差范围内。则型腔深度尺寸可表示为

$$H_m = [(1 + S_{min}) H_s - \delta_z]_0^{+\delta_z}$$

型芯高度尺寸:整体式型芯修磨型芯根部较困难,以修磨型芯端部为宜;常见的轴肩连接组合式型芯,修磨型芯固定板较为方便。

修磨型芯端部常用:

$$h_m = [(1 + S_{min}) h_s + \Delta]_{-\delta_z}^0$$

修磨型芯固定板常用:

$$h_m = [(1 + S_{max}) h_s + \delta_z]_{-\delta_z}^0$$

中心距尺寸:设塑件上两孔中心距为 $C_s \pm \Delta / 2$,模具上型芯中心距为 $C_m \pm \delta_z / 2$,S_{max} 为塑件最大收缩率,S_{min} 为塑件最小收缩率,则中心距尺寸可表示为

$$C_m = \frac{S_{max} + S_{min}}{2} C_s + C_s$$

Ⅲ. 螺纹型芯与型环径向尺寸

影响塑件螺纹成型的因素很复杂,一般多采用平均值法计算。在计算径向尺寸时,采用增加螺纹中径配合间隙的办法来补偿,即采用增加塑件螺纹孔的中径和减小塑件外螺纹的中径的办法来改善旋入性能。

螺纹型芯:

中径　$d_{m中} = \left[\, (1 + S_{av}) D_{s中} + \Delta_{中} \, \right]_{-\delta_{中}}^{0}$

大径　$d_{m大} = \left[\, (1 + S_{av}) D_{s大} + \Delta_{大} \, \right]_{-\delta_{大}}^{0}$

小径　$d_{m小} = \left[\, (1 + S_{av}) D_{s小} + \Delta_{小} \, \right]_{-\delta_{小}}^{0}$

螺纹型环:

中径　$D_{m中} = \left[\, (1 + S_{av}) d_{s中} - \Delta_{中} \, \right]_{0}^{+\delta_{中}}$

大径　$D_{m大} = \left[\, (1 + S_{av}) d_{s大} - \Delta_{大} \, \right]_{0}^{+\delta_{大}}$

小径　$D_{m小} = \left[\, (1 + S_{av}) d_{s小} - \Delta_{小} \, \right]_{0}^{+\delta_{小}}$

式中　$d_{m中}$、$d_{m大}$、$d_{m小}$——螺纹型芯的中径、大径和小径;

　　　$D_{s中}$、$D_{s大}$、$D_{s小}$——塑件内螺纹的中径、大径和小径的基本尺寸;

　　　$D_{m中}$、$D_{m大}$、$D_{m小}$——螺纹型环的中径、大径和小径;

　　　$d_{s中}$、$d_{s大}$、$d_{s小}$——塑件外螺纹的中径、大径和小径的基本尺寸;

　　　$\Delta_{大}$、$\Delta_{小}$、$\Delta_{中}$——塑件螺纹大径、小径、中径公差,目前国内尚无标准,可参考金属螺纹公差标准选用精度较低者;

　　　$\delta_{中}$、$\delta_{大}$、$\delta_{小}$——螺纹型芯或型环中径、大径和小径的制造公差,一般按塑件螺纹中径公差的 1/5 ~ 1/4 选取。

螺距:螺纹型芯与型环的螺距尺寸计算公式与前述中心距尺寸计算公式相同,即

$$P_{m} = \left[\, (1 + S_{av}) P_{s} \, \right] \pm \frac{\delta_{z}}{2}$$

式中　P_{m}——螺纹型芯或型环的螺距;

　　　P_{s}——塑件螺纹螺距基本尺寸;

　　　δ_{z}——螺纹型芯与型环螺距制造公差。

计算出的螺距常有不规则的小数,使机械加工较为困难。因此,当相连接的塑件内外螺纹的收缩率相同或相近时,两者均可不考虑收缩率;当塑件螺纹与金属螺纹相连接,但配合长度小于极限长度或不超过 7 至 8 牙时,螺距计算可以不考虑收缩率。

4)成型型腔壁厚的计算

在注塑成型过程中,型腔所受的力有塑料熔体的压力、合模时的压力、开模时的拉力等,其中最主要的是塑料熔体的压力。在塑料熔体的压力作用下,型腔将产生内应力及变形。如果型腔侧壁和底壁厚度不够,当型腔中产生的内应力超过型腔材料的许用应力时,型腔即发生强度破坏。与此同时,刚度不足则发生过大的弹性变形,从而产生溢料和影响塑件尺寸及成型精度,也可能导致脱模困难等,可见模具对强度和刚度都有要求。但是,理论分析和实践证明,模具对强度及刚度的要求并非要同时兼顾。对大尺寸型腔,刚度不足是主要问题,应按刚度条件计算;对小尺寸型腔,强度不足是主要问题,应按强度条件计算。强度计算的条件是满足各种受力状态下的许用应力。刚度计算的条件由于模具特殊性,可以从防止溢料、保证塑件精度、有利于脱模三个方面加以考虑。

根据模具设计的结构不同,成型型腔可分为圆形(整体式、组合式)和矩形(整体式、组合式)两种,不规则型腔可简化成规则型腔计算。

Ⅰ.刚度计算条件

由于模具的特殊性,刚度计算条件应从以下三个方面加以考虑。

Ⅰ)从模具型腔不溢料考虑

当高压熔体注入型腔时,非整体式型腔某些配合面产生间隙,间隙过大则出现溢料。这时应将塑料熔体不产生溢料所允许变形量作为型腔的刚度条件。各种塑料的最大不溢料变形量见表2-3。

表2-3　常用塑料不发生溢料的变形量

黏度特性	塑料品种	允许变形量/ mm
低黏度塑料	聚酰胺(PA)、聚乙烯(PE)、聚丙烯(PP)、聚甲醛(POM)	≤0.025 ~ 0.04
中黏度塑料	聚苯乙烯(PS)、ABS、聚甲基丙烯酸甲酯(PMMA)	≤0.05
高黏度塑料	聚碳酸酯(PC)、聚砜(PSU)、聚苯醚(PPO)	≤0.06 ~ 0.08

Ⅱ)从制件尺寸精度考虑

某些塑料制件或塑件的某些部位尺寸常要求较高的精度,这就要求模具型腔应具有很好的刚性,以保证塑料熔体注入模具型腔不会产生过大的使塑件超差的变形量。此时,型腔的允许变形量 δ_p 由塑件尺寸和公差值来确定。由塑件尺寸精度确定的刚度条件可用表2-4所列的经验公式计算出来。

表2-4　保证塑件尺寸精度允许变形量 δ_p

塑件尺寸/mm	计算 δ_p 经验公式	塑件尺寸/mm	计算 δ_p 经验公式
<10	$i\Delta/3$	200 ~ 500	$i\Delta/[10(1 + iA)]$
10 ~ 50	$i\Delta/[3(1 + iA)]$	500 ~ 1 000	$i\Delta/[15(1 + iA)]$
50 ~ 200	$i\Delta/[5(1 + iA)]$	1 000 ~ 2 000	$i\Delta/[20(1 + iA)]$

注:Δ——塑件尺寸公差值;i——塑件精度等级。

Ⅲ)从保证塑件的顺利脱模考虑

如果塑料熔体压力使模腔产生过大的弹性变形,当变形量超过制件的收缩值时,则塑件周边将被型腔紧紧包住而难以脱出。因此,型腔允许的变形量 δ_p 应小于制件壁厚的收缩值:

$$\delta_p < tS$$

式中　t——制件侧壁厚度(mm);

　　　S——制件材料的收缩率。

在一般情况下,因塑料的收缩率较大,型腔的弹性变形量不会超过塑料冷却时的收缩值。因此,型腔的刚度要求主要由不溢料和塑件精度来决定。当塑件某一尺寸同时有几项要求时,应以其中最苛刻的条件作为刚度设计的依据。

Ⅱ. 强度计算条件

型腔壁厚的强度计算条件是型腔在各种受力形式下的应力值不得超过模具材料的许用应力。图 2-17 和图 2-18 分别为圆形型腔和矩形型腔的整体式和组合式四种结构。

图中的几何参数意义:S 表示型腔侧壁厚度(mm);T 表示支承板厚度(mm);h 表示型腔侧壁高度(mm);H 表示型腔侧壁外形高度(mm);r 表示圆形型腔内半径(mm);R 表示圆形型腔外半径(mm);l 表示矩形型腔内侧壁长边长度(mm);b 表示矩形型腔侧壁短边长度(mm);L 表示矩形型腔外形长边长度(mm);B 表示矩形型腔外形短边长度(mm)。

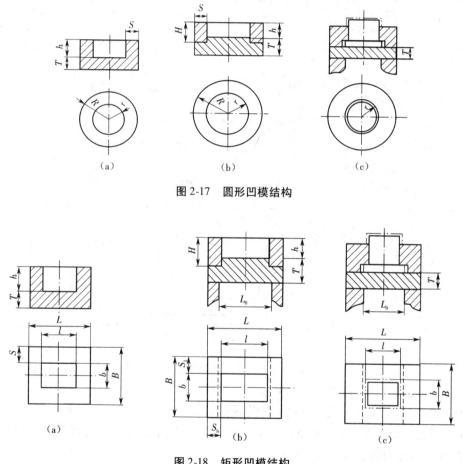

图 2-17　圆形凹模结构

图 2-18　矩形凹模结构

应用表 2-5 中计算公式,可得到模具结构尺寸 S 和 T,取刚度和强度条件计算值的大值作为计算结果;也可将表中各式变换成校核式 $\delta \leqslant \delta_p$ 或 $\sigma \leqslant \sigma_p$,分别对刚度和强度条件计算值进行 S 和 T 校核。

按强度和刚度条件计算型腔的壁厚和垫板厚度的公式见表 2-5。表中各公式的计算参数意义:P 表示最大型腔压力(MPa),根据型腔压力公式确定,一般为 30 ~ 50 MPa;E 表示模具钢材的弹性模量(MPa),一般中碳钢取 2.1×10^5 MPa,预硬化塑料模具钢取 2.2×10^5 MPa;μ 表示模具钢材的泊松比,一般为 0.25;σ_p 表示模具钢材的允许强度值(MPa),中碳钢取 160 MPa,预硬化模具钢取 300 MPa;δ_p 表示模具钢材的允许变形量(mm),根据表 2-4 进行计算。

表 2-5　按刚度和强度条件计算公式

凹模类型	尺寸类型	按强度条件	按刚度条件
整体式圆形凹模 参见图 2-17(a)	凹模侧壁厚度	$S = r\left[\sqrt{\dfrac{\delta_p}{\delta_p - 2P}} - 1\right]\ (\delta_p > 2P)$	$S = 1.14h\sqrt[3]{\dfrac{Ph}{E\delta_p}}$
	凹模底板或凸模支承板厚度	$T = 0.87r\sqrt{\dfrac{P}{\delta_p}}$	$T = 0.56r\sqrt[3]{\dfrac{Pr}{E\delta_p}}$
组合式圆形凹模 参见图 2-17 (b)、(c)	凹模侧壁厚度	$S = r\left[\sqrt{\dfrac{\delta_p}{\delta_p - 2P}} - 1\right]\ (\delta_p > 2P)$	$S = r\sqrt[3]{\pi\dfrac{\delta_p E + 0.75rP}{\delta_p E - 1.25rP}}$
	凹模底板或凸模支承板厚度	$T = 1.10r\sqrt{\dfrac{P}{\delta_p}}$	$T = 0.91r\sqrt[3]{\dfrac{Pr}{E\delta_p}}$
整体式矩形凹模 参见图 2-18(a)	凹模侧壁厚度	$S = 0.71l\sqrt{\dfrac{P}{\delta_p}}\ (\dfrac{h}{l} \geq 0.41)$ $S = 1.73l\sqrt{\dfrac{P}{\delta_p}}\ (\dfrac{h}{l} < 0.41)$	$S = h\sqrt[3]{\dfrac{CPh}{\phi E\delta_p}}$ $C = \dfrac{3(l^4 + h^4)}{2(l^4 + h^4) + 96}$ $\phi = 0.6 \sim 1.0$
	凹模底板或凸模支承板厚度	$T = 0.71b\sqrt{\dfrac{P}{\delta_p}}$	$T = b\sqrt[3]{\dfrac{C'Pb}{E\delta_p}}$ $C' = \dfrac{l^4/h^4}{32\left[(l^4/h^4) + 1\right]}$
组合式矩形凹模 参见图 2-18 (b)、(c)	凹模侧壁厚度	长边：$\delta_{max} = \dfrac{Phb}{2HS} + \dfrac{Phl^2}{2HS^2} \leq \delta_p$ 短边：$\delta_{max} = \dfrac{Phb^2}{2HS^2} + \dfrac{Phl^2}{2HS^2} \leq \delta_p$	$S = 0.31l\sqrt[3]{\dfrac{Plh}{HE\delta_p}}$
	凹模底板或凸模支承板厚度	$T = 0.871\sqrt{\dfrac{Pb}{B\delta_p}}$	$T = 0.54L_0\sqrt[3]{\dfrac{PbL_0}{BE\delta_p}}$

注：对于边长尺寸较大的型腔在计算变形量时，应同时考虑侧壁的挠度与相邻壁的拉伸变形量一半的和。

　　在注射模的标准件中，凹模的外形为矩形，所以当凹模为圆形时，一般也采用矩形模板。因此，凹模强度的计算也以矩形为主。

　　中小型模具（长度和宽度在 500 mm 以下）的强度，只要模板的有效使用面积不大于其长度和宽度之积的 60%，深度不超过其长度的 10%，可以不必计算。大型模具（长度或宽度在 630 mm 以上）的凹模强度必须通过计算。

2.3.4　结构零部件设计

　　注射模具由成型零部件和结构零部件组成。结构零部件部分介绍的内容包括注射模的标准模架、注射模的合模导向机构和支承零部件。支承零部件主要由固定板（动、定模板）、支承板、垫板和动定模座板等组成。

1. 标准模架

　　标准模架又称为标准模座或者标准模坯，由专业的公司生产。一般的标准模架都有固定板、顶出板、模脚、导柱和导套等。图 2-19 所示为常见的注塑模模架。

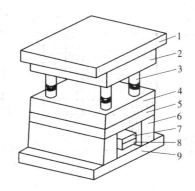

图 2-19　常见注塑模模架

1—定模座;2—定模固定板;3—导柱与导套;4—动模固定板;

5—支承板;6—垫块;7—推杆固定板;8—推板;9—动模座

1)我国塑料注射模架相关国家标准

(1)《塑料注射模模架技术条件》(GB/T 12556—2006)按结构特征将模架分为基本型(4 种)和派生型(9 种),适用模板尺寸为 $B($ 宽 $)\times L($ 长 $) < 560\ mm\times900\ mm$,如图 2-20 和图 2-21 所示。基本型和派生型模架的组成、功能及用途(中小型模架)见表 2-6。

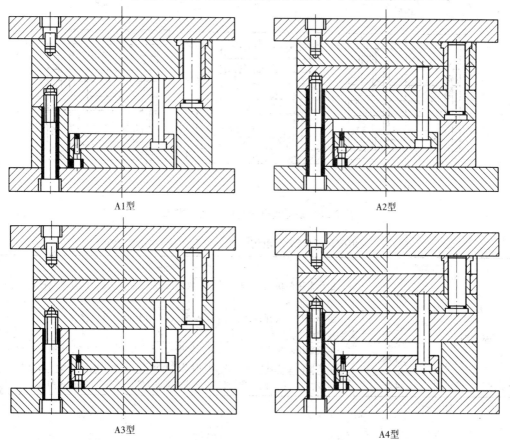

A1型　　　　　　　　　　　　　　　A2型

A3型　　　　　　　　　　　　　　　A4型

图 2-20　基本型模架结构(中小型模架)

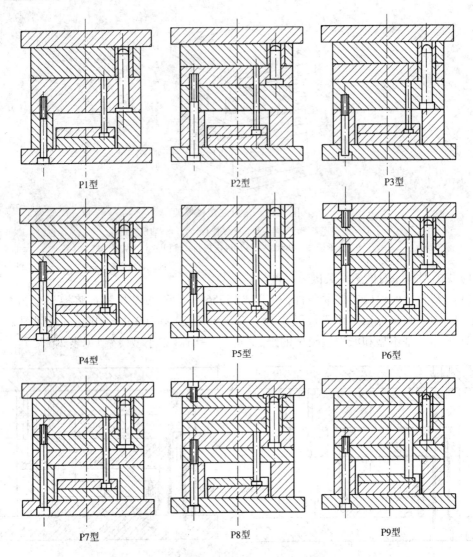

图 2-21　派生型模架结构(中小型模架)

表 2-6　基本型和派生型模架的组成、功能及用途(中小型模架)

模架类型		组成、功能及用途
基本型	A1 型	定模采用两块模板,动模采用一块模板,无支承板,设置推杆推出机构,适用于单分型面注塑模
	A2 型	定、动模均采用两块模板,有支承面,设置推杆推出机构,适用于侧向分型抽芯注塑模
	A3 型	定模采用两块模板,动模采用一块模板,无支承面,设置推件板推出机构,适用于成型薄壁壳体塑件以及塑件的表面不允许留有顶出痕迹的塑件的注塑模
	A4 型	定、动模均采用两块模板,设置推件板推出机构,适用范围同 A3 型

续表

模架类型		组成、功能及用途
派生型	P1 至 P4 型	由 A1 至 A4 型对应派生而成,由于去掉 A1 至 A4 型定模座板上固定螺钉,致使增加一个分型面,构成三板式、点浇口注塑模结构,其他特点和用途同 A1 至 A4 型模架
	P5 型	动、定模均为一块模板构成,主要适用于直浇口、简单浇口、简单整体型腔结构注塑模
	P6 至 P9 型	P7 对应于 P6,P9 对应于 P8,去掉了定模座板上的固定螺钉,多用于具有复杂结构的注塑模

(2)《塑料注射模模架》(GB/T 12555—2006)将模架分为基本型(2 种)和派生型(4 种),适用模板尺寸为 B(宽)× L(长)630 mm×630 mm~1 250 mrn×2 000 mm。标准模架一般由定模座板、定模板、动模板、动模支承板、垫块、动模座板、推杆固定板、推板、导柱、导套及复位杆等组成,有 A 型、B 型组成的基本型(图 2-22)以及由 P1 至 P4 型组成的派生型(图 2-23),共 6 个品种。A 型同中小型模架中的 A1 型,B 型同中小型模架中的 A2 型,适用于大型热塑性塑料注射模。其模架的组成、功能及用途见表 2-7。

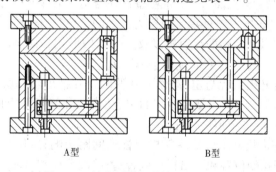

A 型　　　　　　　　　B 型

图 2-22　基本型模架结构(大型模架)

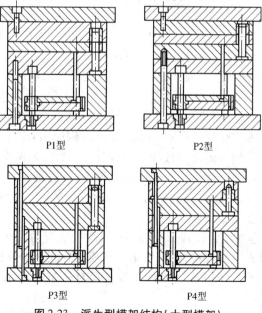

P1 型　　　　　　　　　P2 型

P3 型　　　　　　　　　P4 型

图 2-23　派生型模架结构(大型模架)

表 2-7 基本型和派生型模架的组成、功能和用途（大型模架）

模架类型		组成、功能和用途
基本型	A 型	由定模两块板、动模一块板构成
	B 型	定、动模各由两块板构成
派生型	P1 型	定、动模各由两块板构成，采用推件板推出机构
	P2 型	定模两块板，动模三块板，采用推件板推出机构
	P3 型	定模两块板，动模一块板，采用点浇口充模
	P4 型	适用于定、动模各为两块板的点浇口结构

2) 选择标准模架的程序及要点

(1) 在模具设计时，应根据塑件图样及技术要求，分析、计算、确定型腔的大小和布置方案，画出型腔的视图，型腔的位置最好在中间对称的位置，以免注射时产生受力不匀现象。

(2) 根据冷却系统的设计，将冷却管道加画在型腔的周围，冷却水道与型腔的距离一般为 12 ~ 15 mm。

(3) 根据所选模架的类型，将导柱、导套布置在合适位置上。支承柱应分布均匀，以防模具变形。推杆应尽量布置在塑件承受脱模力较大的部位。

(4) 考虑到不同型号及规格的注射机以及不同结构形式的锁模机构具有不同的闭合距离，模架厚度 H 与闭合距离 L 的关系为 $L_{min} \leqslant H \leqslant L_{max}$。

(5) 设计时要计算开模行程与定、动模分开的间距和推出塑件所需行程之间的尺寸关系，注射机的开模行程应大于取出塑件所需的定、动模分开的间距，而模具推出塑件距离应小于注射机顶出液压缸的额定顶出行程。

(6) 安装时模架外形尺寸不应受注射机拉杆的间距影响；定位孔径与定位环尺寸需配合良好；注射机顶出杆孔的位置和顶出行程应合适；喷嘴孔径和球面半径应与模具的浇口套孔径和凹球面尺寸相配合；模架安装孔的位置和孔径与注射机的移动模板及固定模板上的相应螺孔应相配合。

(7) 还要考虑侧抽芯机构对模架有无加大的需要；为保证塑件质量和模具的使用性能及可靠性，需对模架组合零件的力学性能，特别是强度和刚度进行准确的校核及计算，以确定动、定模板及支承板的长、宽、厚尺寸，从而正确选定模架的规格。

2. 合模导向机构

合模导向机构是保证动、定模或上、下模合模时，正确定位和导向的零件。合模导向机构主要有导柱导向和锥面定位两种形式。导柱导向机构应用较普遍，主要零件是导柱和导套。导柱既可以设置在动模一侧，也可以设置在定模一侧，应根据模具结构来确定。标准模架的导柱一般设在动模部分。在不妨碍脱模的条件下，导柱通常设置在型芯高出分型芯面较多的一侧。

导柱与导套的设计要求如下。

(1) 应尽量选用标准模架，因为标准模架中的导柱、导套的设计和制作是有科学依据并经过实践检验的。合理布置导柱位置，导柱中心至模具外缘至少应有一个导柱直径的厚度。导柱布置方式常采用等直径不对称布置或不等直径对称布置，一副模具一般需要 2 ~ 4 个导柱。

(2) 导柱工作部分长度应比型芯端面高出 6 ~ 8 mm，以确保其导向与引导作用。

（3）导柱工作部分的配合精度采用 H7/f7 或 H8/f8 配合，导柱、导套固定部分配合精度采用 H7/k6 或 H7/m6。配合长度通常取配合直径的 1.5~2 倍，其余部分可以扩孔，以减小摩擦，并降低加工难度。

（4）导柱与导套应有足够的耐磨性，故多采用低碳钢经渗碳淬火处理，其硬度为 48~55HRC；也可采用 T8 或 T10 碳素工具钢，经淬火处理。导柱工作部分的表面粗糙度为 $Ra0.4\ \mu m$，固定部分为 $Ra0.8\ \mu m$；导套内外圆柱面表面粗糙度取 $Ra0.8\ \mu m$。

（5）导柱头部应制成截锥形或球头形；导套的前端应倒角，倒角一般为 1~2 mm。

3. 支承零部件

模具支承零件主要有支承板（动模垫板）、垫板（支承块）、支承板、支承柱（动模支柱）等。大型加强刚度的支承结构模具中，支承板的跨距较大，当已选定的支承板厚度通过校验不够时，或者设计时为了有意识地减小支承板的厚度以节约材料，可在支承板与底板之间设置支承板、支承柱或支承块。

固定板（动模板、定模板）在模具中起安装和固定成型零件、合模导向机构以及推出脱模机构等零部件的作用。为了保证被固定零件的稳定性，固定板应具有一定的厚度和足够的刚度和强度。

支承板是盖在固定板上面或垫在固定板下面的平板，其作用是防止固定板固定的零部件脱出固定板，并承受固定部件传递的压力，因此要具有较高的平行度、刚度和强度。

支承板与固定板之间通常采用螺栓连接，当两者需要定位时，可加插定位销。

垫块的高度应符合注射机安装要求和模具结构要求，即

$$H = h_1 + h_2 + h_3 + s + (3 \sim 6)\,\mathrm{mm}$$

式中　H——垫块高度（mm）；

　　　h_1——推板厚度（mm）；

　　　h_2——推杆固定板厚度（mm）；

　　　h_3——推板限位钉高度（若无限位钉，则取零）（mm）；

　　　s——脱出塑料制件所需的顶出行程（mm）。

2.3.5　推出机构设计

在注射成型的每一次循环中，塑件必须由模具型腔中取出。完成取出塑件这个动作的机构就是推出机构，也称为脱模机构。

1. 推出机构的驱动方式

1）手动脱模

手动脱模是指当模具分型后，由人工操纵推出机构（如手动杠杆）取出塑件。手动脱模时，工人的劳动强度大，生产效率低，推出力受人力限制，不能很大；但是推出动作平稳，对塑件无撞击，脱模后制品不易变形，操作安全。在大批量生产中，不宜采用这种脱模方式。

2）机动脱模

机动脱模利用注射机的开模动力，分型后塑件随动模一起移动，达到一定位置时，脱模机构被机床上固定不动的推杆推住，不再随动模移动，此时脱模机构动作，把塑件从动模上脱下来。这种推出方式具有生产效率高、工人劳动强度低且推出力大等优点，但对塑件会产生撞击。

3）液压或气动推出

在注射机上专门设有推出油缸,由它带动推出机构实现脱模;或设有专门的气源和气路,通过型腔里微小的推出气孔,靠压缩空气吹出塑件。这两种推出方式的推出力可以控制,气动推出时塑件上不留推出痕迹,但需要增设专门的气动装置。

4）带螺纹塑件的推出机构

成型带螺纹的塑件时,脱模前需靠专门的旋转机构先将螺纹型芯或型环旋离塑件,然后再将塑件从动模上推下,脱螺纹机构也有手动和机动两种方式。

2. 推出力的计算

注射成型过程中,型腔内熔融塑料因固化收缩包在型芯上,为使塑件能自动脱落,在模具开启后就需在塑件上施加一推出力。推出力是确定推出机构结构和尺寸的依据,其近似计算式为

$$F = Ap(\mu\cos\alpha - \sin\alpha)$$

式中　F——推出力（N）;

A——塑件包容型芯的面积（mm^2）;

p——塑件对型芯单位面积上的包紧力,一般情况下,模外冷却的塑件 p 取 2.4×10^7 $\sim 3.9 \times 10^7$ Pa,模内冷却的塑件 p 取 $0.8 \times 10^7 \sim 1.2 \times 10^7$ Pa;

μ——塑件对钢的摩擦系数,一般为 $0.1 \sim 0.3$;

α——脱模斜度。

3. 推出机构的设计原则

（1）推出机构应尽量简单可靠,推出机构的运动要准确、可靠、灵活,无卡死现象,机构本身要有足够的刚度和强度,足以克服脱模阻力。

（2）保证制品不因推出而变形损坏,这是对推出机构的最基本要求。在设计时要正确估计塑件对模具黏附力的大小和所在位置,合理地设置推出部位,使推出力能均匀合理地分布,让塑件能平稳地从模具中脱出而不会产生变形。推出力应作用在不易使塑件产生变形的部位,如加强筋、凸缘、厚壁处等,应尽量避免使推出力作用在塑件平面位置上。

（3）推出力的分布应尽量靠近型芯（因型芯处包紧力最大）,且推出面积应尽可能大,以防塑件被推坏。

（4）推出脱模行程应恰当合理,保证制品可靠脱模。

（5）若推出部位需设在塑件使用或装配的基准面上,为不影响塑件尺寸和使用,一般使推杆与塑件接触部位处凹进塑件 0.1 mm 左右,而推杆端面则应高于基准面,否则塑件表面会出现凸起,从而影响基准面的平整和外观。

4. 一次推出机构

在推出零件的作用下,通过一次推出动作,就能将塑件全部脱出,这种类型的脱模机构即为一次推出机构,也称为简单脱模机构。一次推出机构是最常见的,也是应用最广的一种脱模机构,一般有以下几种形式。

1）推杆脱模机构

Ⅰ. 机构组成和动作原理

推杆脱模机构是最典型的一次推出机构,其结构简单、制造容易且维修方便,机构组成和动作原理如图 2-24 所示。其推杆、拉料杆、复位杆都装在推杆固定板上,然后用螺钉将推杆固定板和推杆垫板连接固定成一个整体,当模具打开并达到一定距离后,注射机上的机床

推杆将模具的推出机构挡住,使其停止不再随动模一起移动,而动模部分还在继续后退,于是塑件连同浇注系统一起从动模中脱出。合模时,复位杆首先与定模分型面相接触,使推出机构与动模产生相反方向的相对移动,模具完全闭合后,推出机构便回复到了初始的位置(由限位钉 8 保证最终停止位置)。

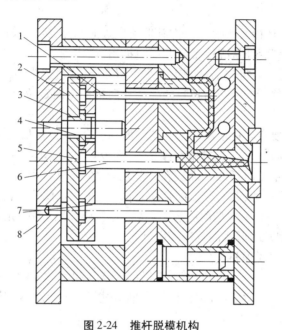

图 2-24　推杆脱模机构

1—推杆;2—推杆固定板;3—推板导套;4—推板导柱;
5—推板;6—拉料杆;7—复位杆;8—限位钉

国家标准规定的推杆有三种,即推杆、扁推杆、带肩推杆,它们的设计已经标准化。推杆的位置应合理布置,其原则是:根据制品的尺寸,尽可能使推杆位置均匀对称,以使制品所受的推出力均衡,并避免推杆弯曲变形。

Ⅱ. 推杆与推杆孔间配合

推杆与推杆孔间配合为间隙配合,一般选 H7/f6,其配合间隙兼有排气作用,但不应大于所用塑料的排气间隙,以防漏料;配合长度一般为推杆直径的 2~3 倍。推杆端面应精细抛光,因其已是型腔构成的一部分。为了不影响塑件的装配和使用,推杆端面应高出型腔表面 0.1 mm。

Ⅲ. 复位机构

推杆或推套将塑件推出后,必须返回其原始位置,才能合模进行下一次注射成型。最常用的方法是复位杆复位,复位杆的设计已经标准化。

推杆推出是应用最广的一种推出形式,它几乎可以适用于各种形状塑件的脱模。但其推出力作用面积较小,如设计不当,易发生塑件被推坏的情况,而且还会在塑件上留下明显的推出痕迹。

2)推管脱模机构

推管脱模机构适用于环形、筒形塑件或带有孔的部分塑件的推出,用于一模多腔成型更为有利。由于推管整个周边接触塑件,故推出塑件的力量均匀,塑件不易变形,也不会留下明显的推出痕迹。

推管脱模机构要求推管内外表面都能顺利滑动。其滑动长度的淬火硬度为 HRC50 左右,且等于脱模行程与配合长度之和再加上 5~6 mm 余量。非配合长度均应有 0.5~1 mm 的双面间隙。推管在推出位置与型芯应有 8~10 mm 的配合长度,推管壁厚应在 1.5 mm 以上。

3)推板脱模机构

对于薄壁容器、壳体以及表面不允许有推出痕迹的制品,需要采用推板推出机构,推板也称推件板。其在分型面处从壳体塑件的周边推出,推出力大且均匀。对侧壁脱模阻力较大的薄壁箱体或圆筒制品,推出后外观上几乎不留痕迹,这对透明塑件尤为重要。推板脱模机构不需要回程杆复位。推板应由模具的导柱导向机构导向定位,以防止推板孔与型芯间的过度磨损和偏移。

推板与型芯之间要有高精度的间隙和均匀的动配合,要使推板灵活脱模和回复,又不能有塑料熔体溢料。为防止过度磨损和咬合发生,推板孔与型芯应作淬火处理。推板脱模的分型面应尽可能为简单无曲折的平面。在一些场合,在推板与型芯间留有单边 0.2 mm 左右间距,避免两者之间接触;并有锥形配合面起辅助定位作用,可防止推板孔偏心而引起溢料,其斜度为 10°左右。对于大型深腔容器,特别是软质塑料,为防止过大脱模力使制品壁产生皱褶,应该对成型时所形成的真空腔引气。

4)多元件组合推出脱模机构

对于一些深腔壳体、薄壁制品以及带有局部环状凸起、凸肋或金属嵌件的复杂制品,如果只采用某一种推出零件,往往容易使制品在推出过程中出现缺陷,因此可采用两种或两种以上的推出零件,如图 2-25 所示。

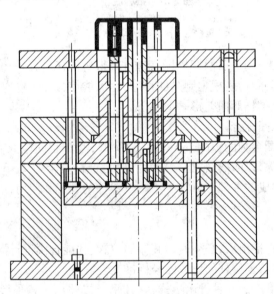

图 2-25 多元件组合推出脱模机构

5. 二次推出机构

一次脱模机构是在脱模机构推动中一次将塑件脱出,这些塑件因为形状简单,仅仅是从型芯上脱下或从型腔内脱出。对于形状复杂的塑件,因模具型面结构复杂,塑件被推的半模部分(一般是动模部分)既有型芯,又有型腔或型腔的一部分,必须将塑件既从被包紧的型芯上脱下,又从被黏附的型腔中脱出,脱模阻力是比较大的,若由一次动作完成,势必造成塑件变形、损坏,或者在一次推出动作后,仍然不能从模具内取下或脱落。对于这种情况,模具结构中必须设置两套脱模机构,在一个完整的脱模行程中,使两套脱模机构分阶段工作,分别完成相应的顶推塑件的动作,以便达到分散总的脱模阻力和顺利脱件的目的,这种脱模机构称为二次推出机构。

设计二次推出机构时应注意,第一次推的脱模力大,应不使制品损伤;而第二次脱模应有较大的行程,保证塑件自动坠落。机构的动作顺序安排为:第一次脱模时,两级脱模机构所有元件应同步推进,在一次脱模结束后,一次脱模元件静止不动,而二次脱模元件沿原脱模方向继续运动,或者二次脱模元件超前于一次脱模元件向前运动(两者都动但速度不同),直至将塑件完全脱出。为此,一次脱模元件在推出过程中,要用滑块让位、摆杆外摆、钢球打滑、弹簧、限位螺钉等方法使一次脱模元件在一次脱模结束后不动或低速运动,从而达到使两套脱模机构分阶段工作的目的。图 2-26 所示为弹开式二级脱模机构脱模过程示意图,(a)为未推出状态,(b)为第一次推出,(c)为推出完成。

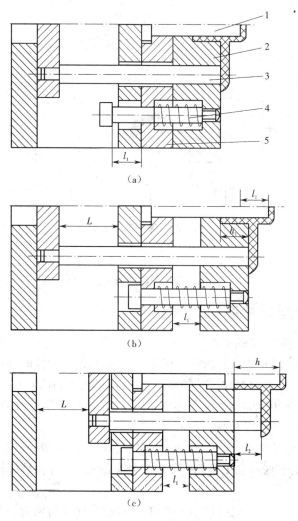

图 2-26 弹开式二级脱模机构

1—型芯;2—动模型腔;3—推杆;4—弹簧;5—型芯固定板

6. 浇注系统凝料的推出和自动脱落

自动化生产要求模具的操作也能全部自动化,除塑件能实现自动化脱落外,浇注系统凝料亦要求能自动脱落。

1) 普通浇注系统凝料推出和自动脱落

这种浇注系统凝料脱落形式多指侧浇口、直浇口类型的模具,浇注系统凝料与塑件连接在一起,只要塑件脱模,浇注系统凝料就随着脱落,常见的形式是靠自重坠落。有时塑件有少部分留于型腔或推板内,给自动脱落带来困难,解决的办法是用上述的二次脱模机构,或采用下述办法使主流道和分流道的凝料可靠地脱离型腔。

2) 连杆弹落装置

图 2-27 是利用注射机的开闭运动通过连杆使塑件及浇注系统凝料可靠落下的装置。

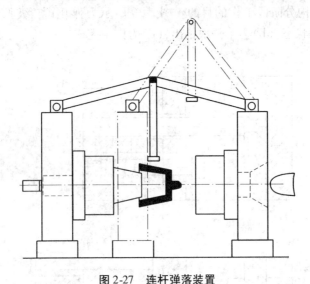

图 2-27　连杆弹落装置

3) 空气推出和吹落

用空气阀通过空气间隙吹出 $0.5 \sim 0.6$ MPa 的压缩空气把塑件吹落。

2.3.6　侧向分型与抽芯机构设计

1. 侧向分型与抽芯机构的形成

当注射成型如图 2-28 所示的侧壁带有孔、凹穴和凸台等塑件时,模具上成型孔、凹穴和凸台等的零件就必须制成可侧向移动的零件,称为活动型芯,在塑件脱模前必须先将活动型芯抽出,否则就无法脱模。带动活动型芯作侧向移动(抽拔与复位)的整个机构称为侧向分型与抽芯机构,简称侧向抽芯机构。

图 2-28 所示均为需要模具设置侧向分型与抽芯机构的典型制品。除此之外,对于成型深型腔并侧壁不允许有脱模斜度且侧壁要求高光亮的制品,其模具结构也需要侧向分型与抽芯机构。

图 2-29 所示模具中采用斜导柱抽芯机构,通过斜导柱 6 与侧滑块 11 的运动将侧型芯 5 从制件中抽出。当注射机带动动模座下移时,斜导柱 6 带动侧滑块 11 侧向移动,将侧型芯 5 插于型腔中,从而实现侧向的分型与复位动作。

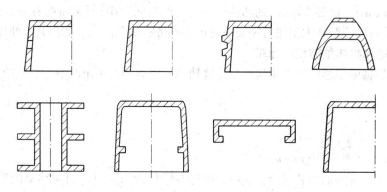

图 2-28　成型时需侧向分型与抽芯机构的塑件

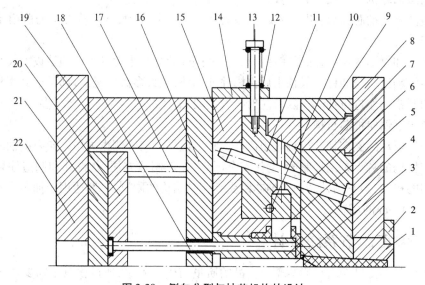

图 2-29　侧向分型与抽芯机构的设计

1—浇口套;2—定位圈;3—分流型芯;4—主型芯;5—侧型芯;6—斜导柱;
7—锁紧块;8—定模座板;9—定模;10—固定销;11—侧滑块;12—弹簧;
13—限位杆;14—挡块;15—动模;16—支承板;17—复位杆;18—顶杆;
19—支板;20—顶杆固定板;21—顶杆垫板;22—动模座板

2. 侧向抽芯机构的分类

侧向抽芯机构的分类方法很多,通常按动力来源分为以下三种类型。

(1)手动侧向抽芯机构:开模前人工取出侧型芯或开模后将塑件与侧型芯一同顶出,模外手工抽出侧型芯,合模前再将侧型芯装入模体。这种类型模具结构简单、割模周期短;但是注射效率低、抽芯力小,只在小批量生产或试制性生产时采用。

(2)机动侧向抽芯机构:依靠注射机的开模力、顶出力或合模力进行模具的侧向分型、抽芯及复位动作的机构。这种机构最常用,且动作可靠,抽芯力大,操作方便,成型率高,易实现自动化。根据抽芯方式及机械结构的不同可分为斜导柱式、弯拉杆式、弯拉板式、斜滑块式、顶出式及齿轮齿条式抽芯机构等。其中以斜导柱式侧向抽芯机构应用最为广泛。

(3)液压或气动侧向抽芯机构:依靠液压或气动装置为动力将侧型芯抽出。这种机构传动平稳,抽芯距和抽芯力较大,抽芯动作不受开模时间限制;但是需配备整套液压或气动装置,成本较高。一般在大型注射模或注射机本身带有抽芯液压缸的模具中使用。

3. 侧向抽芯机构抽芯距的计算

抽芯距是将侧型芯或哈夫块从成型位置抽到不妨碍塑件顶出时侧型芯或哈夫块所移动的距离。有

$$s = s_c + (2 \sim 3) \, \text{mm}$$

式中　s——设计抽芯距(mm);

　　　s_c——临界抽芯距(mm)。

临界抽芯距就是侧型芯或哈夫块抽到恰好与塑件投影不重合时所移动的距离,它的值不一定总是等于侧孔或侧凹的深度,需要根据塑件的具体结构和侧表面形状确定。

4. 侧向抽芯机构抽拔力的计算

对塑件侧向抽芯,就是侧向脱模,抽拔力就是侧向脱模力,其计算方法与脱模推出力计算方法相同。

带侧孔和侧凹的塑件,除了在特定条件下可强制脱模,小批量生产和抽拔力较小的塑件除可采用活动镶块与塑件一起顶出后再模外抽芯外,绝大多数情况下,都是依靠模具打开时注射机的开模动作进行抽芯。随着注射机的发展,液压抽芯应用也逐渐增多。

5. 斜导柱侧向抽芯机构

斜导柱驱动的侧向抽芯机构应用最广。它不但可以向外侧也可用来向内侧抽芯。这类侧向抽芯机构的特点是结构紧凑、动作安全可靠、加工制造方便,是设计和制造注射模抽芯时最常用的机构,但它的抽芯力和抽芯距受到模具结构的限制,一般适用于抽芯力不大及抽芯距小于 60 mm 的场合。

2.3.7　温度调节系统设计

注塑模的温度会直接影响塑料产品的质量与生产效率,所以模具上需要添加温度调节系统,以达到理想的温度要求。一般成型的塑料温度大约为 200 ℃,而塑件固化后,从模具中取出的温度大约为 60 ℃。热塑性塑料在成型后,必须对模具有效地冷却,必须使熔融塑料的热量很快地传给模具,以便使塑件冷却后可迅速脱模。图 2-30 所示为典型冷却系统图。

1. 模具温度的调节对塑件质量的影响

模具工作时的温度是周期性变化的,注射熔体时模温高,脱模时模温低。其热量的传递要靠对流、辐射和传导等方式完成,高温塑料熔体在模具型腔内凝固并释放热量,均有一个比较适用的模具温度范围,注射成型中的模具可以看成为一个热交换器,它使塑件的质量达到最佳。但是不正常的模具温度将会使塑件产生各种缺陷,见表 2-8。

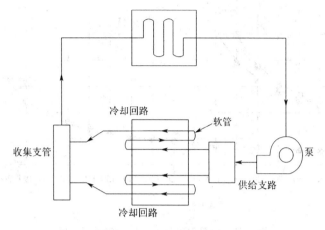

图 2-30　典型冷却系统图

表 2-8　由不正常的模温造成的塑件的各种缺陷

缺陷	模温过低	模温过高	模温不均
塑件不足	▲		
尺寸不稳定			▲
表面波纹	▲		
扭曲变形		▲	▲
裂纹	▲		▲
表面不光洁	▲	▲	
塑件脆弱	▲		
塑件粘模		▲	
塑件透明度低	▲		
脱模不良			▲

注："▲"表示此项不正常模温可能造成的塑件的各种缺陷。

2. 模具温度的调节对生产效率的影响

一般来说,在塑件的整个成型周期中模内冷却的时间大约占 75%,因此提高冷却效率、缩短冷却时间是提高生产效率的关键。图 2-31 所示曲线表明,模温升高,冷却时间增加。图 2-32 所示为注射成型中的热量传递形式。在注塑成型过程中,塑料熔体所释放的热量有90%由冷却介质带走,因此注塑模的冷却时间主要取决于模具冷却系统的冷却效果。

根据牛顿冷却定律,塑件的冷却速率与塑件的温度及冷却介质的温差成正比,冷却系统从模具中带走的热量

$$Q = \frac{h\Delta TAt}{3\,600}$$

式中　Q——冷却介质从模具中带走的热量(kJ);

　　　h——冷却管道与冷却介质间的传热系数[kJ/(m^2 · h · ℃)];

　　　A——冷却管道的传热面积(m^2);

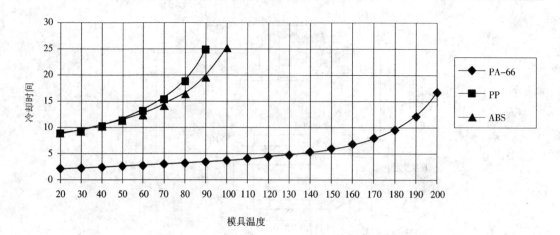

图 2-31　模具温度与冷却时间的关系曲线

注:2 mm 厚、200 mm 长的产品,以中间范围的料温和 1 s 时间注射

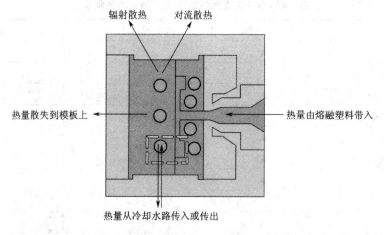

图 2-32　注射成型中的热量传递形式

ΔT——模具温度与冷却介质的温度差(℃);

t——冷却时间(s)。

从上式可知,在所需传递的热量不变时,可以通过下面三条途径缩短冷却时间。

1)提高传热系数

$$h = \varphi \frac{(\rho v)^{0.8}}{d^{0.2}}$$

式中　φ——与冷却介质温度有关的系数;

ρ——冷却介质在该温度下的密度;

v——冷却介质的流速;

d——冷却管路的直径。

传热系数的大小取决于冷却介质的流速和管路的直径。为缩短冷却时间,应提高冷却介质的流速或减小管路的直径。当管道内冷却水流速为 0.5～1.5 m/s 时,冷却水处于湍流状态,冷却效率显著提高。

2）提高模具与冷却介质的温度差

$$\Delta T = T_w - T_t$$

式中 T_w——模具温度（℃）；

T_t——冷却介质温度（℃）。

当模温固定时，尽可能降低冷却介质温度，可以提高温差，有利于缩短冷却时间，提高生产率。但是，当采用低温水冷却模具时，大气中的水分有可能在模具型腔表面凝聚而导致塑料制品的质量下降。

3）增加冷却管道的传热面积

$$A = n\pi dL$$

式中 L——模具上一根冷却管道的长度（mm）；

d——冷却管道直径（mm）；

n——模具上冷却管道的数量。

增大冷却介质的传热面积，就需在模具上开设尺寸尽可能大、数量尽可能多的冷却管道。但是，由于在模具上有各种孔（如推杆孔、型芯孔）和缝隙（如镶块接缝）的限制，因此只能在满足模具结构设计的情况下，尽量多地开设冷却水管。但是，水管的直径不能过大；过大的直径会使流速减慢，雷诺数降低，传热系数降低。冷却水流速与水管直径的关系见表2-9。

表 2-9　冷却水的流速与水管直径的关系

（$Re > 10\,000$，水温 10 ℃）

水管直径/mm	最低流速/（m/s）	体积流量/（m³/min）
8	1.66	5.0×10^{-3}
10	1.32	6.2×10^{-3}
12	1.10	7.4×10^{-3}
15	0.87	9.2×10^{-3}
20	0.66	12.4×10^{-3}
25	0.53	15.5×10^{-3}
30	0.44	18.7×10^{-3}

在塑料模具设计当中，常用的冷却方式一般有以下几种：

（1）用水冷却模具，这种方式最常见，运用最多；

（2）用油冷却模具，不常见；

（3）用压缩空气冷却模具；

（4）自然冷却，对于简单的模具，注塑完毕之后，依据空气与模具的温差来冷却。

2.3.8　冷却系统的设计原则

为了提高冷却系统的效率和使型腔表面温度分布均匀，在冷却系统的设计中应遵循如下原则。

（1）在塑料模具设计时，冷却系统的布置应先于顶出机构，不要在顶出机构设计完毕后才去考虑是否有足够的空间来布置冷却回路,而应尽早地将冷却方式和冷却回路的位置决定下来,并与顶出机构取得协调,以便获得最佳的冷却效果。

（2）考虑冷却系统的均匀性。

①合理地确定冷却管道粗细、中心距。如图 2-33 所示,根据经验,水道直径 d 建议取 $8 \sim 14$ mm,水道深度 h 建议取 $(0.75 \sim 2)d$,水道之间距离 P 建议取 $(3 \sim 5)d$,水道与内模边缘距离 W 最少取 10 mm,或喉塞长度取 4 mm。增加水道深度会降低冷却效能,水道相隔太远会使模面温度不均衡。图 2-34 所示为模具的传热路径。图 2-35 所示为模具的温度差,图（a）所布置的冷却管道直径太小、间距太大,所以型腔的表面温度变化很大（$53.33 \sim 61.66$ ℃）;而图（b）所布置的冷却管道间距合理,保证了型腔表面温度均匀分布。

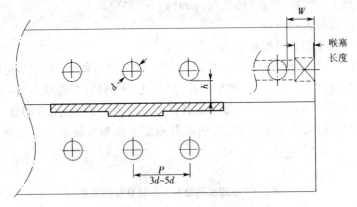

图 2-33　适当设计水道间距

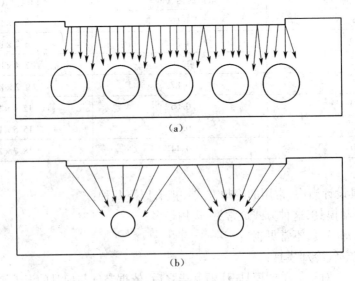

（a）

（b）

图 2-34　模具的传热路径

②冷却水道与分型面各处距离尽量相等,且其排列与成型面形状相符,如图 2-36（a）所示。但冷却水道的设计和布置还应考虑与塑件的壁厚相适宜,壁厚处加强冷却,防止后收缩变形,如图 2-36（b）所示。冷却管道与型腔壁的距离太大会使冷却效率下降,而距离太小又会造成冷却不均匀。

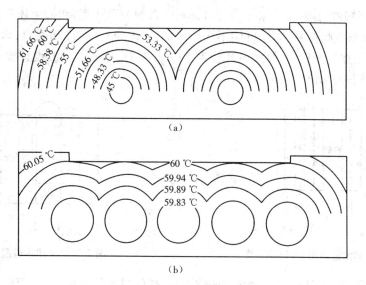

图 2-35　模具的温度差

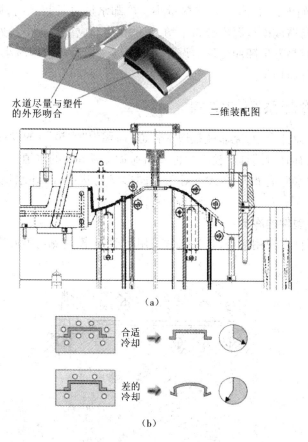

图 2-36　考虑塑件形状和壁厚的冷却水道的布置

　　(3)浇口附件的热量大,为使模温均匀,水道应首先通过浇口部位并沿熔融塑料流方向流动,即从高模温区流向低模温区,如图 2-37 所示。

（4）为保证塑件的质量，当采用多浇口进料或者型腔形状复杂时，熔体在汇合处会产生熔接痕，为确保该处熔接强度，尽可能不在熔接部位（A 处）开设冷却通道，如图 2-38 所示。冷却水道要易于加工清理，一般水道孔径为 10 mm 左右，冷却水道的设计要防止冷却水的泄漏，凡是易泄漏的部位要加密封圈。

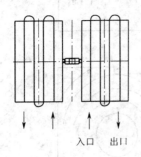

入口　　出口

图 2-37　冷却水道的出、入口的布置

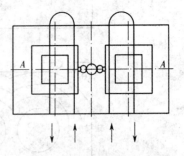

图 2-38　冷却水道避免产生熔接痕

（5）大型或薄壁塑件在成型时熔体的流程长，熔体温度越流越低，若要使塑件冷却速度相同，可改变冷却水道的排列密度，即在料流末端冷却水道可以稀疏些。

（6）冷却水道的出、入口水的温差尽量小。冷却水道总长较长时，则水流在出、入口的温差会比较大，容易造成模具温度分布不均，塑件在冷却成型过程中各处的收缩会产生较大差异，脱模后塑件容易发生翘曲变形。设计时应尽量采取有效措施减小冷却水道出、入口水的温差，以使模温分布均匀。

2.3.9　常见冷却系统的结构

在水冷却模具设计当中，无非就是通水管道（简称为"水道"）的设计。水道常用的直径有 12、10、8、6 mm，有时当模具比较小时也会用到 $\phi5$、$\phi4$ mm 的水道。

模具中的冷却水路有很多样式。对于不同形状的塑件，冷却水道的位置与形状也不一样。

1.浅型腔扁平塑件的冷却

浅型腔扁平塑件在使用侧浇口时，通常采用在动、定模两侧与型腔表面等距离钻孔的形式，如图 2-39 所示。

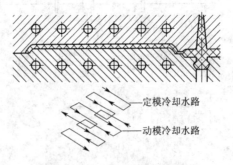

定模冷却水路

动模冷却水路

图 2-39　浅型腔扁平塑件的冷却

2.中等高度塑件的冷却

对于采用点浇口进料的中等高度的壳形塑件，在凹模底部附近采用与型腔等距离钻孔的形式,而凸模由于不容易散热,因此要加强冷却,按塑件的形状铣出矩形截面的冷却槽,如图 2-40 所示。

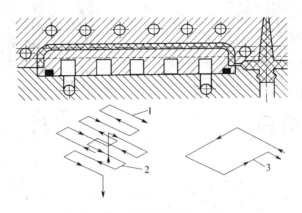

图 2-40　中等高度塑件的冷却
1—定模冷却回路;2—动模冷却回路;3—浇口处冷却回路

3.深型腔塑件的冷却

深型腔塑件最困难的是凸模的冷却,大型深型腔塑件的凹模采用分层循环的冷却水道,即在凹模一侧从浇口附近进水,水流沿分层水道围绕型腔流动,从分型面附近的出口排出。凸模采用隔板式或喷流式,即在凸模上加工一定数量的盲孔,每个盲孔用隔板分成底部连通的两个部分,从而形成凸模的冷却回路。这种隔板形式的冷却水道加工麻烦,隔板与孔的配合要求高,否则隔板容易转动而达不到设计目的。图 2-41(a)为多型芯的导流板串联的冷却形式,图 2-41(b)为多型芯的冷却水管并联的形式。或者在型芯中间加工一个盲孔,在型芯中间装一个喷水管,进水从管中喷出后再向四周冲刷型芯内壁。图 2-41(c)为单型芯垂直的冷却形式,图 2-41(d)为单型芯斜入式冷却形式,低温进水直接作用于型芯的最高部位。对于中心的浇口,喷流冷却效果很好。图 2-42 所示为隔板式和喷流式的典型形式。

特深型腔塑件常采用图 2-43 所示的冷却水道。凸模及凹模均设置螺旋式(也称盘旋式)冷却水道,入水口在浇口附近,水流分别流经凸模与凹模的螺旋槽后在分型面附近流出,这种形式的冷却水道冷却效果特别好。

4.细长塑件和型腔复杂的塑件的冷却

对于细长塑件(空心)的冷却水道在细长的凸模上开设比较困难,通常采用喷流式。当型芯细小无法在型芯上直接设置冷却回路,若不采用特殊冷却方式,就会使塑件变形,则可以在型芯中心压入高导热性的导热针、铜或铍铜芯棒,并将芯棒的一端伸到冷却水孔中冷却,如图 2-44 所示。

当模具的型腔局部有较多的加强筋,且相互之间距离很近时,可以考虑做成铍铜芯棒,其底部通直流水道(图 2-45),不致造成其他材质芯棒引起的冷却不均。

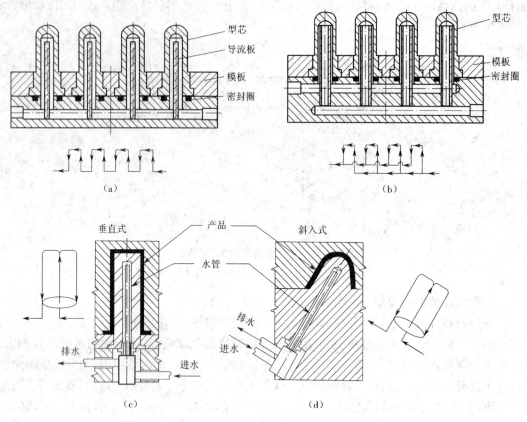

图 2-41　大型深型腔塑件的冷却水道

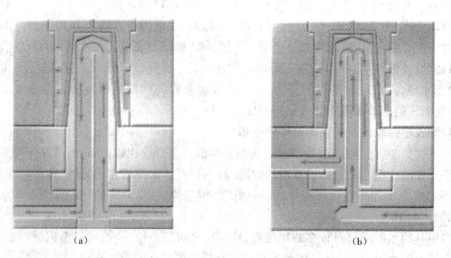

图 2-42　典型的隔板式和喷流式形式

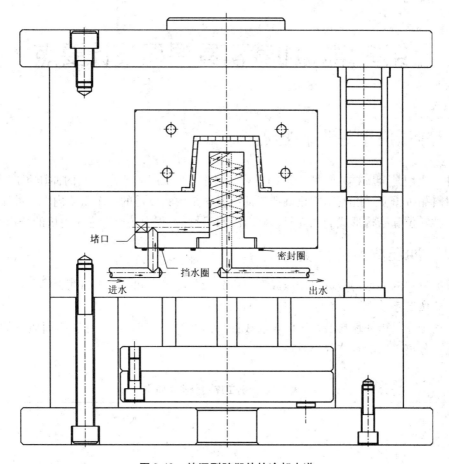

图 2-43　特深型腔塑件的冷却水道

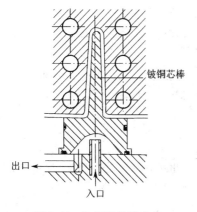

图 2-44　细长塑件的冷却

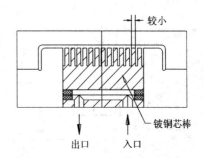

图 2-45　型腔复杂塑件的冷却

第3章 冲裁模具课程设计要点

3.1 冲压成型分类和特点

冲压成型是金属材料塑性变形的过程,不同的冲压产品要用不同的冲压工序来完成。冲压材料品种繁多、性能各异,正确选择冲压材料是模具设计的一个重要内容。冲压设备主要是各种吨位和结构形式的压力机,因此在模具设计过程中还要考虑压力机的选择。

3.1.1 冲压成型的分类

根据材料的变形特点可将冲压成型工序分为分离工序和成型工序两大类。

1. 分离工序

分离工序是指使坯料沿一定的轮廓线分离而获得一定形状、尺寸和断面质量的冲压件的工序。分离工序的具体分类及特点见表 3-1。

表 3-1 分离工序的分类及特点

工序名称	简　图	特点及应用范围
落料	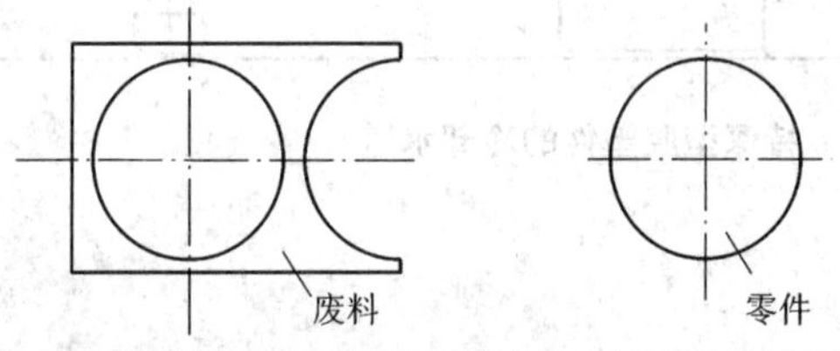 废料　零件	用冲模沿封闭轮廓曲线冲切,冲下部分是零件,用于制造各种形状的平板零件
冲孔	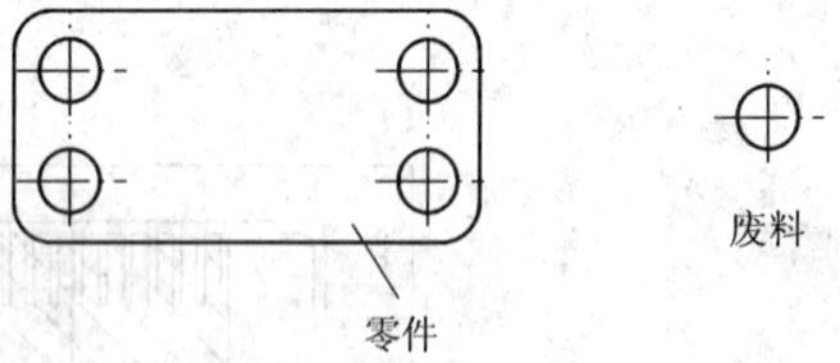 零件　废料	用冲模按封闭轮廓曲线冲切,冲下部分是废料
切断	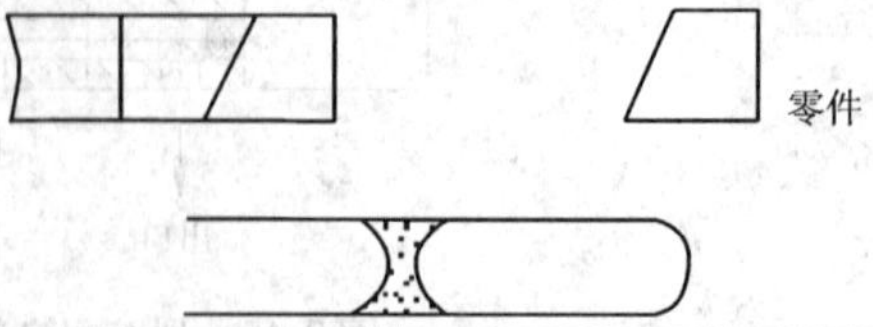 零件	用剪刀或冲模沿不封闭曲线切断,多用于加工形状简单的平板零件
切边	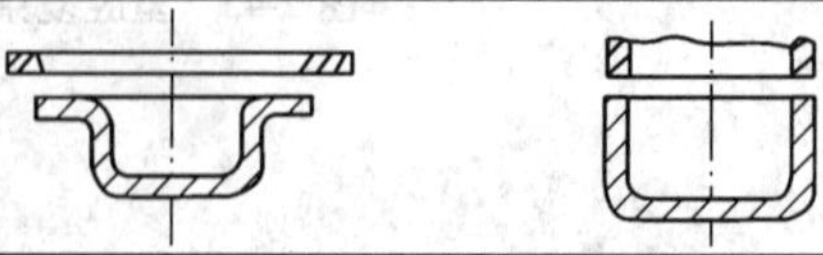	将成型零件的边缘修切整齐或切成一定形状

续表

工序名称	简　图	特点及应用范围
剖切		把冲压加工成的制件切开成为两个或数个零件,多用于不对称零件的成双或成组冲压成型之后

2. 成型工序

成型工序是指使坯料在不破裂的条件下产生塑性变形而获得一定形状和尺寸的冲压件的工序。成型工序的具体分类及特点见表 3-2。

表 3-2　成型工序的分类及特点

工序名称	简　图	特点及应用范围
弯曲		把板材沿着直线弯成各种形状,可以加工各种形状复杂的零件
卷圆		把板材端部卷成接近封闭的圆头,用以加工类似铰链的零件
扭曲		把冲裁后的半成品扭转成一定角度
拉深		把板材毛坯用成型方法制成各种空心的零件
变薄拉深		把拉深加工后的空心半成品进一步加工成为底部厚度大于侧壁厚度的零件
翻孔		在预先冲孔的板材半成品上或未经冲孔的板料冲制成竖立的边缘
翻边		把板材半成品的边缘按曲线或圆弧成型,成为竖立的边缘
拉弯		在拉力与弯矩共同作用下实现弯曲变形,可得精度较好的零件

工序名称	简　图	特点及应用范围
胀形	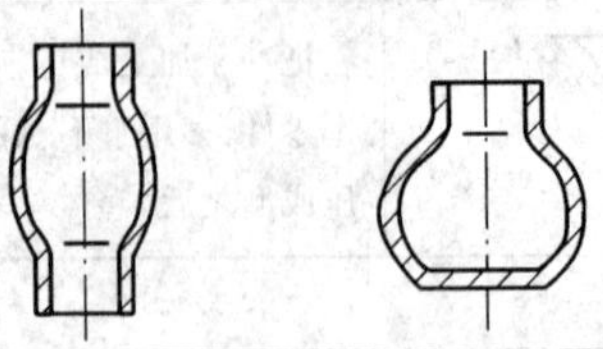	在双向拉应力作用下实现的变形,可以成型各种空间曲面形状的零件
起伏		在板材毛坯或零件的表面上用局部成型的方法制成各种形状的凸起或凹陷
扩口		在空心毛坯或管状毛坯的某个部位上使其径向尺寸扩大的变形方法
缩口	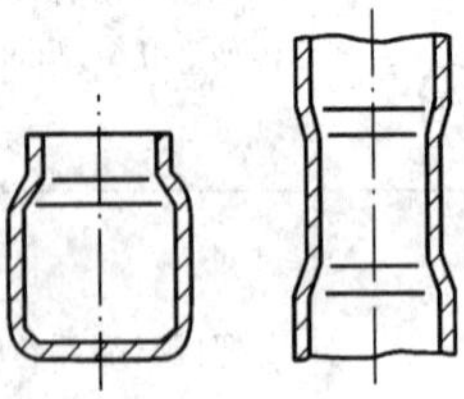	在空心毛坯或管状毛坯的某个部位上使其径向尺寸缩小的变形方法
旋压	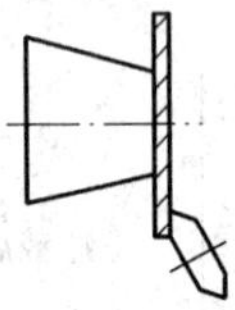	在旋转状态下用辊轮使毛坯逐步成型的方法
校形(整形)	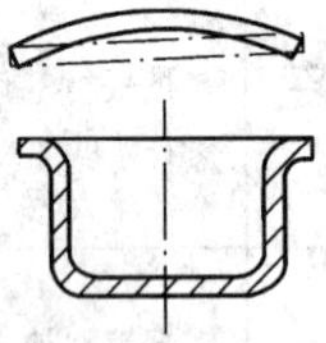	为了提高已成型零件的尺寸精度或获得小的圆角半径而采用的成型方法

3.1.2　冲压成型的特点

冲压成型加工与其他加工方法相比,无论在技术方面,还是在经济方面,都具有许多独特的优点,主要表现在以下几方面:

(1)尺寸精度由模具来保证,所以加工出来的零件质量稳定、一致性好,具有"一模一样"的特征;

(2)冲压成型可以获得其他加工方法所不能或难以制造的壁薄、质量轻、刚性好、表面质量高、形状复杂的零件;

(3)材料利用率高,属于少、无屑加工;

(4)效率高、操作方便,要求的工人技术等级不高;

(5)模具使用寿命长,生产成本低。

但是冲压成型加工也存在以下缺点:

(1)噪声和振动大;

(2)模具精度要求高、制造复杂、周期长、制造费用昂贵,因而小批量生产受到限制;

(3)如果零件精度要求过高,冲压生产难以达到要求。

3.1.3　冲压常用金属材料的种类、性能和规格

1. 冲压常用金属材料的种类

1)黑色金属

黑色金属包括普通碳素结构钢、优质碳素钢、合金结构钢、碳素工具钢、不锈钢、电工硅钢等。

对于厚度在 4 mm 以下的轧制钢板,根据相关国家标准规定,钢板厚度的精度分为 A(高级精度)、B(较高级精度)、C(普通精度)三级。

对优质碳素结构冷轧薄钢板,根据相关国家标准规定,钢板的表面质量可分为 Ⅰ(特别高级的精整表面)、Ⅱ(高级的精整表面)、Ⅲ(较高级的精整表面)、Ⅳ(普通的精整表面)四组,每组按拉深级别又分为 Z(最深拉深)、S(深拉深)、P(普通拉深)三级。

2)有色金属

有色金属包括铜及铜合金、铝及铝合金、镁合金、钛合金等。

2. 冲压常用金属材料的性能

冲压常用金属材料的力学性能见表3-3。

表 3-3　冲压常用金属材料的力学性能

材料名称	牌号	材料的状态	力学性能				
			抗剪强度 τ/MPa	抗拉强度 σ_b/MPa	屈服点 σ_s/MPa	伸长率 $\delta_{10}/\%$	弹性模量 E/GPa
普通碳素钢	Q195	未经退火	225～314	314～392	195	28～33	
	Q215		265～333	333～412	215	26～31	
	Q235		304～373	432～461	235	21～25	
	Q255		333～412	481～511	255	19～23	
碳素结构钢	08F	已退火	216～304	275～383	177	32	
	08		255～353	324～441	196	32	186
	10F		216～333	275～412	186	30	
	10		255～333	294～432	206	29	194
	15		265～373	333～471	225	26	198
	20		275～392	353～500	245	25	206
	35		392～511	490～637	314	20	197
	45		432～549	539～686	353	16	200
	50		432～569	539～716	373	14	216

续表

材料名称	牌号	材料的状态	力学性能				
			抗剪强度 τ/MPa	抗拉强度 σ_b/MPa	屈服点 σ_s/MPa	伸长率 $\delta_{10}/\%$	弹性模量 E/GPa
不锈钢	1Cr13	已退火	314~373	392~416	412	21	206
	2Cr13		314~392	392~490	441	20	206
	1Cr18Ni9Ti	经热处理	451~511	569~628	196	35	196
铝锰合金	LF21	已退火	69~98	108~142	49	19	70
		半冷作硬化	98~137	152~196	127	13	
硬铝(杜拉铝)	LY12	已退火	103~147	147~211		12	
		淬硬并经自然时效	275~304	392~432	361	15	71
		淬硬后冷作硬化	275~314	392~451	333	10	
纯铜	T1,T2,T3	软	157	196	69	30	106
		硬	235	294		3	127
黄铜	H62	软	255	294		35	98
		半硬	294	373	196	20	
		硬	412	412		10	
	H68	软	235	294	98	40	108
		半硬	275	343		25	
		硬	392	392	245	15	113
铅黄铜	HPb59-1	软	294	343	142	25	91
		硬	392	441	412	5	103
锡磷青铜	QSn6.5-0.1	软	255	294	137	38	98
锡锌青铜	QSn4-3	硬	471	539		3~5	
		特硬	490	637	535	1~2	122
钛合金	TA2	已退火	353~471	441~588		25~30	
	TA3		432~588	539~736		20~25	
	TA5		628~667	785~834		15	102

3. 冲压常用金属材料的规格

冲压用材料的形状有各种规格的板料、带料和块料。板料的尺寸较大,一般用于大型零件的冲压;对于中小型零件,多数是将板料剪裁成条料后使用。带料(也称为卷料)有各种规格的宽度,展开长度可达几千米,适用于大批量生产的自动送料,材料厚度很小时也可做成带料供应。块料只用于少数钢号和价钱昂贵的有色金属的冲压。

轧制薄钢板的厚度允差及尺寸规格见表3-4和表3-5。

表 3-4　轧制薄钢板的厚度公差　　　　　　　　　　　　　　　　　　　mm

钢板厚度	A	B	C	
	高级精度	较高级精度	普通精度	
	冷轧优质钢板	普通和优质钢板		
	冷轧和热轧	热轧		
	全部宽度		宽度 < 1 000	宽度 ≥ 1 000
0.2 ~ 0.4	±0.03	±0.04	±0.06	±0.06
0.45 ~ 0.5	±0.04	±0.05	±0.07	±0.07
0.55 ~ 0.60	±0.05	±0.06	±0.08	±0.08
0.70 ~ 0.75	±0.06	±0.07	±0.09	±0.09
2.0	±0.13	±0.15	+0.15 / −0.18	±0.18
2.2	±0.14	±0.16	+0.15 / −0.19	±0.19
2.5	±0.15	±0.17	+0.16 / −0.20	±0.20
2.8 ~ 3.0	±0.16	±0.18	+0.17 / −0.22	±0.22
3.2 ~ 3.5	±0.18	±0.20	+0.18 / −0.25	±0.25
3.8 ~ 4.0	±0.20	±0.22	+0.20 / −0.30	±0.30

表 3-5　轧制薄钢板的尺寸规格

钢板厚度	钢板宽度												
	500	600	710	750	800	850	900	950	1 000	1 100	1 250	1 400	1 500
	冷轧钢板长度												
0.2,0.25 0.3,0.4	1 200	1 420	1 500	1 500	1 500								
	1 000	1 800	1 800	1 800	1 800	1 800	1 500	1 500					
	1 500	2 000	2 000	2 000	2 000	2 000	1 800	2 000					
0.5,0.55 0.6		1 200	1 420	1 500	1 500	1 500							
	1 000	1 800	1 800	1 800	1 800	1 800	1 500	1 500					
	1 500	2 000	2 000	2 000	2 000	2 000	1 800	2 000					
0.7,0.75		1 200	1 420	1 500	1 500	1 500	1 500						
	1 000	1 800	1 800	1 800	1 800	1 800	1 500	1 500					
	1 500	2 000	2 000	2 000	2 000	2 000	1 800	2 000					
0.8,0.9		1 200	1 420	1 500	1 500	1 500	1 500						
	1 000	1 800	1 800	1 800	1 800	1 800	1 800	1 500	2 000	2 000			
	1 500	2 000	2 000	2 000	2 000	2 000	2 000	2 000	2 200	2 500			
1.0,1.1 1.2,1.4 1.5,1.6 1.8,2.0	1 000	1 200	1 420	1 500	1 500	1 500						2 800	2 800
	1 500	1 800	1 800	1 800	1 800	1 800	1 800	2 000	2 000	3 000	3 000		
	2 000	2 000	2 000	2 000	2 000	2 000	2 000	2 000	2 200	2 500	3 500	3 500	
2.2,2.5 2.8,3.0 3.2,3.5 3.8,4.0	500	600	1 000	1 200	1 420	1 500	1 500	1 500					
	1 500	1 800	1 800	1 800	1 800	1 800	1 800	2 000					
	2 000	2 000	2 000	2 000	2 000	2 000							

续表

钢板厚度	钢板宽度												
	500	600	710	750	800	50	900	950	1 000	1 100	1 250	1 400	1 500
	热轧钢板长度												
0.35,0.4		1 200		1 000									
0.45,0.5	1 000	1 500	1 000	1 500	1 500		1 500	1 500					
0.55,0.6	1 500	1 800	1 420	1 800	1 600	1 700	1 800	1 900	1 500				
0.7,0.75	2 000	2 000	2 000	2 000	2 000	2 000	2 000	2 000	2 000				
0.8,0.9	1 500	1 500	1 500	1 500	1 500								
	1 000	1 200	1 420	1 800		1 700	1 800	1 900	1 500				
	1 500	1 420	2 000	2 000	2 000	2 000	2 000	2 000	2 000				
1.0,1.1				1 000	1 000								
1.2,1.25	1 000	1 200	1 000	1 500	1 500		1 500	1 500					
1.4,1.5	1 500	1 420	1 420	1 800	1 600	1 700	1 800	1 900	1 500				
1.6,1.8	2 000	2 000	2 000	2 000	2 000	2 000	2 000	2 000	2 000				
2.0,2.2						1 000							
	500	600	1 000	1 500	1 500		1 500			2 200	2 500	2 800	
2.5,2.8	1 000	1 200	1 420	1 800		1 700	1 800	1 900	2 000	3 000	3 000	3 000	3 000
	1 500	1 500	2 000	2 000	2 000	2 000	2 000	2 000	3 000	4 000	4 000	4 000	4 000
3.0,3.2				1 000			1 000					2 800	
				1 500	1 500	1 500	1 500	1 500	2 000	2 200	2 500	3 000	3 000
3.5,3.8	500	600	1 420	1 800	1 600	1 700	1 800	1 900	3 000		3 000	3 500	
4.0	1 000	1 200	1 200	2 000	2 000	2 000	2 000	2 000	4 000	4 000	4 000	4 000	4 000

3.1.4　常用冲压设备的规格型号及选用

1. 冲压设备的种类

冲压设备种类很多,按照传动方式的不同,主要有机械压力机和液压压力机两大类。机械压力机包括曲柄压力机、偏心压力机、拉深压力机、摩擦压力机、粉末制品压力机、模锻精压机、挤压用压力机和专用压力机等;液压压力机包括冲压液压机、一般用途液压机、弯曲校正压紧用液压机、打包压块用液压机和专门化液压机等。其中,以机械式曲柄压力机、摩擦压力机、偏心压力机、液压机在冲压生产中的应用最为广泛。

常用冲压设备的工作原理和特点见表3-6。

表 3-6　常用冲压设备的工作原理和特点

类型	设备名称	工作原理	特点
机械压力机	摩擦压力机	利用摩擦盘与飞轮之间相互接触并传递动力,借助螺杆与螺母相对运动原理而工作	结构简单,当超负荷时,只会引起飞轮与摩擦盘之间的滑动,而不致损坏机件;但飞轮轮缘磨损大,生产率低;适用于中小型件的冲压加工,对于校正、压印和成型等冲压工序尤为适宜

续表

类型	设备名称	工作原理	特点
机械压力机	曲柄压力机	利用曲柄连杆机构进行工作,电机通过皮带轮及齿轮带动曲轴转动,经连杆使滑块作直线往复运动;曲柄压力机分为偏心压力机和曲轴压力机,二者区别主要在主轴,前者主轴是偏心轴,后者主轴是曲轴;偏心压力机一般是开式压力机,而曲轴压力机有开式和闭式之分	生产率高,适用于各类冲压加工
	高速冲床	工作原理与曲柄压力机相同,但其刚度、精度、行程次数都比较高,一般带有自动送料装置、安全检测装置等辅助装置	生产率很高,适用于大批量生产,模具一般采用多工位级进模
液压机	油压机 水压机	利用帕斯卡原理,以水或油为工作介质,采用静压力传递进行工作,使滑块上、下往复运动	压力大,而且是静压力,但生产率低,适用于拉深、挤压等成型工序

2. 冲压设备的选用

冲压设备的选用包括选择设备类型和确定设备规格两项内容。

1）冲压设备类型

选择冲压设备类型主要是根据冲压工艺特点和生产率、安全操作等因素。

在中小型冲压件生产中,主要选用开式压力机;对于薄材料的冲裁工序,最好选用导向准确的精密压力机;对于大型拉深件的冲压工序,最好选用拉深压力机;在大量生产中,应选用高速压力机或多工位自动压力机;对于不允许冲模导套离开导柱的冲压工序,最好选用行程可调整的偏心式压力机;对于需要变形力大的冲压工序（如冷挤压等）,应选用刚性好且比较精密的闭式压力机;对于校平、整形和温热挤压等工序,最好选用摩擦压力机。

各类压力机所适用的工作范围见表 3-7。

表 3-7　各类压力机所适用的工作范围

机床类型 ＼ 工序名称	冲孔落料	拉深	落料拉深	立体成型	弯曲	型材弯曲	冷挤	整形、校平
小行程曲柄压力机	√	×	×	×	√	×	×	×
中行程曲柄压力机	√	○	×	×	√	○	×	○
大行程曲柄压力机	√	○	√	√	√	√	○	○
双动拉深压力机	×	√		×	×		×	
曲柄高速自动压力机	√			×	×		×	
摩擦压力机	○				√		○	√
偏心式压力机		√			√	√	○	
卧式压力机	×	×			×	√		
油压机	×		×				○	
自动弯曲机	√		×			√		×

注:"√"表示适用;"○"表示尚可适用;"×"表示不适用。

2）冲压设备规格

在冲压设备类型选定之后，应进一步根据冲压加工所需要的变形力、变形功、模具闭合高度和模板平面轮廓尺寸等确定设备规格。冲压设备规格主要是指压力机的标称压力、滑块行程、装模高度、工作台面尺寸及滑块模柄孔尺寸等技术参数。

我国生产的部分通用压力机的技术参数见表 3-8 和表 3-9。

表 3-8　部分开式压力机的主要技术参数

压力机型号	J23-3.15	J23-6.3	J23-10	J23-16F	JH23-25	JH23-40	JC23-63	J11-50	J11-100	JA11-250	JH21-80	JA21-160	J21-400A
标称压力/kN	31.5	63	100	160	250	400	630	500	1 000	2 500	800	1 600	4 000
滑块行程/mm	25	35	45	70	75	80	120	10~90	20~100	120	160	160	200
滑块行程次数/(次/min)	200	170	145	120	80	55	50	90	65	37	40~75	40	25
最大封闭高度/mm	120	150	180	205	260	330	360	270	420	450	320	450	550
封闭高度调节/mm	25	35	35	45	55	65	80	75	85	80	80	130	150
立柱间距/mm	120	150	180	220	270	340	350					530	896
喉深/mm	90	110	130	160	200	250	260	235	340	325	310	380	480
工作台尺寸/mm 前后	160	200	240	300	370	460	480	450	600	630	600	710	900
工作台尺寸/mm 左右	250	310	370	450	560	700	710	650	800	1 100	950	1 120	1 400
垫板尺寸/mm 厚度	30	30	35	40	50	65	90	80	100	150		130	170
垫板尺寸/mm 孔径	110	140	170	210	260	320	50	130	160				300
模柄孔尺寸/mm 直径	25	30		40			50			60	70	50	100
模柄孔尺寸/mm 深度	40	55		60			70			90	60	80	120
最大倾斜角/(°)	45				35		30						
电动机功率/kW	0.55	0.75	1.1	1.5	2.2	5.5	5.5	5.5	7	18.1	7.5	11.1	32.5
备注							需压缩空气				需压缩空气		

表 3-9　部分闭式压力机的主要技术参数

压力机型号	J31-100	JA31-160B	J31-250	J31-315	J31-400	JA31-630	J31-800	J31-1250	J36-1600	J36-250	J36-400	J36-630
标称压力/kN	1 000	1 600	2 500	3 150	4 000	6 300	8 000	12 500	1 600	2 500	4 000	6 300
标称压力行程/mm		8.16	10.4	10.5	13.2	13	13	13	10.8	11	13.7	26
滑块行程/mm	165	160	315	315	400	400	500	500	315	400	400	500
滑块行程次数/(次/min)	35	32	20	20	16	12	10	10	20	17	16	9
最大装模高度/mm	445	375	490	490	710	700	700	830	670	590	730	810
装模高度调节量/mm	100	120	200	200	250	250	315	250	250	250	315	340
导轨间距离/mm	405	590	900	930	850	1 480	1 680	1 520	1 840	2 640	2 640	3 270
退料杆导程/mm			150	160	150	250						

续表

压力机型号		J31-100	JA31-160B	J31-250	J31-315	J31-400	JA31-630	J31-800	J31-1250	J36-1600	J36-250	J36-400	J36-630
工作台尺寸/mm	前后	620	790	950	1 100	1 200	1 500	1 600	1 900	1 250	1 250	1 600	1 500
	左右	620	710	1 000	1 100	1 250	1 700	1 900	1 800	2 000	2 780	2 780	3 450
滑块底面尺寸/mm	前后	300	560	850	960	1 000	1 400	1 500	1 560	1 050	1 000	1 250	1 270
	左右	360		980	910	1 230				1 980	2 540	2 550	3 200
模柄孔尺寸/mm	直径	65	75										
	深度	120											
工作台孔尺寸/mm		φ50	430×430			630×630							
垫板厚度/mm		125	105	140	140	160	200			130	160	185	190
备　注		需压缩空气				备气垫							

3.2　冲裁模具的分类

冲裁模的种类繁多、结构各异,根据完成的工序数和工序组合程度可以将冲裁模分为单工序模、复合模和级进模。

3.2.1　单工序模

单工序冲裁模又称简单冲裁模,是指在压力机的一次行程中,只完成一道冲压工序的模具,如落料、冲孔、弯曲、拉深等。单工序模可以由一个凸模和一个凹模组成,也可以由多个凸模和凹模组成。

1.落料模

落料模是指沿封闭轮廓将冲裁件从板料上分离的冲压模。根据上、下模的导向形式,落料模有以下三种常见的结构。

1)无导向单工序落料模

无导向简单冲裁模的特点是结构简单、尺寸较小、质量较轻、模具制造简单、成本低廉;模具依靠压力机导轨导向,模具的安装调整比较麻烦,难以保证凸、凹模之间间隙均匀,冲裁件精度差,模具寿命低,操作也不安全。因而,无导向简单冲裁模适用于精度要求不高、形状简单、批量小的冲裁件。

2)导板式单工序落料模

导板式落料模的主要特征是凸、凹模的正确配合是依靠导板导向。为了保证导向精度和导板的使用寿命,工作过程中不允许凸模离开导板,因此要求压力机行程较小。

导板式落料模比无导向简单冲裁模的精度高,寿命也较长,使用时安装较容易,卸料可靠,操作较安全,轮廓尺寸也不大。导板式落料模一般用于冲裁形状比较简单、尺寸不大、厚度大于0.3 mm的冲裁件。

3)导柱式单工序落料模

导柱式冲裁模的导向比导板式落料模可靠、精度高、寿命长、使用安装方便,但轮廓尺寸较大、模具较重、制造工艺复杂、成本较高。导柱式冲裁模广泛用于生产批量大、精度要求高的冲裁件。

2. 冲孔模

冲孔模的结构与一般落料模相似,但冲孔模的对象是已经落料或其他冲压加工后的半成品,所以冲孔模要解决半成品在模具上如何定位、如何使半成品放进模具以及冲好后取出既方便又安全等问题。而冲小孔模具,则必须考虑凸模的强度和刚度以及快速更换凸模的结构。成型零件上侧壁孔冲压时,还必须考虑凸模水平运动方向的转换机构等。

单工序模常用于形状结构比较简单、生产批量比较小或无法采用复合模、级进模生产的制件冲压。单工序模不仅可以生产制件,也可以为后续工序提供半成品,所以应用非常广泛。

3.2.2 复合模

在压力机的一次工作行程中,在模具同一工位上,同时完成两个或两个以上基本冲裁工序的模具,称为复合冲裁模,简称复合模。

1. 凸凹模

复合模在结构上的主要特征是有一个或者几个具有双重作用的工作零件——凸凹模,如在落料冲孔复合模中有一个既能作落料凸模又能作冲孔凹模的凸凹模。

复合模按凸凹模安装的位置不同,可分为正装式复合模和倒装式复合模。当凸凹模安装在上模时,称为正装式复合模;当凸凹模安装在下模时,称为倒装式复合模。

2. 正、倒装式复合模的比较

正装式复合模的优点是顶件板、卸料板都是弹性的,材料与冲件同时受到压平作用,所以对于较软、较薄的制件能达到平整要求,制件的精度也较高。用正装式复合模,在凸凹模的孔内不会积聚冲孔废料,可以减少孔内废料的胀力,有利于减少凸凹模的最小壁厚。

倒装式复合模的优点是废料能直接从压力机台面落下,制件则从上模推下,比较容易从工作区域引出,操作方便安全,易于安装送料装置,生产效率较高,所以倒装式复合模应用比较广泛。

复合模的特点是生产率高,冲裁件的内孔与外缘的相对位置精度高,板料的定位精度要求比级进模低,冲模的轮廓尺寸较小;但复合模结构复杂,制造精度要求高,成本高;主要用于生产批量大、精度要求高的冲裁件。

3.2.3 级进模

级进模又称为连续模,具有两个或更多的工位,在压力机的一次行程中,依次在几个不同的位置上,同时完成多道工序。由于级进模工位数较多,因而用级进模冲制零件,必须解决条料或带料的准确定位问题,才有可能保证冲压件的质量。

级进模的典型结构有以下两种。

1. 用导正销定位的级进模

由于受导正孔精度的影响,这种定距方式的级进模冲裁精度不高。

2. 侧刃定距的级进模

带侧刃的级进模的优点是操作方便、定位准确、生产率高;缺点是结构复杂,且因切去料边而增加了材料损失。侧刃定距的级进模主要用于冲制厚度小于 0.5 mm 的薄板或不便使用定位销、导正销定位的制件。

级进模是目前应用比较多的冲模结构,生产率高,送料方便,安全可靠,易实现自动化生产,但级进模结构尺寸较大,制造较复杂,成本较高,一般适用于大批量生产小型冲压件。

3.3　冲裁模具的设计要点

3.3.1　冲裁模类型的选用

1. 冲裁件的工艺性分析

冲裁件的工艺性是指冲裁件对冲裁工艺的适应性。良好的冲裁件工艺性是指在满足冲裁件使用要求的前提下,能用普通的冲裁方法,在生产率较高、模具寿命较长、成本较低的条件下,稳定地获得质量合格的冲裁件。

1) 冲裁件的结构工艺性

(1) 冲裁件的形状应力求简单、对称。

(2) 冲裁件的内形及外形的转角处要尽量避免尖角,应以圆弧过渡。这样可以便于模具加工,减少热处理开裂,减少冲裁时尖角处的崩刃和过快磨损。圆角半径 R 的最小值,可参照表 3-10 选取。

表 3-10　冲裁件最小圆角半径

工序	圆弧角度	黄铜、纯铜、铝	合金钢	软钢
落料	交角 $\alpha \geqslant 90°$	$0.18t$	$0.35t$	$0.25t$
	交角 $\alpha < 90°$	$0.35t$	$0.70t$	$0.50t$
冲孔	交角 $\alpha \geqslant 90°$	$0.20t$	$0.45t$	$0.30t$
	交角 $\alpha < 90°$	$0.40t$	$0.90t$	$0.60t$

注:t 为料厚。

(3) 冲裁件上应尽量避免出现过长和过窄的凸出悬臂和凹槽,孔与孔之间、孔与边缘之间的距离也不宜过小。如图 3-1 所示,一般要求 $b \geqslant 1.5t$,$l \leqslant 5b$,$c \geqslant 1.0t$,$c' \geqslant 1.5t$。

(4) 在弯曲件或拉深件上冲孔时,孔边与壁之间应保持一定距离,以免冲孔时凸模受侧向力而折断。如图 3-2 所示,一般要求 $l \geqslant R + 0.5t$,$l_1 \geqslant R_1 + 0.5t$。

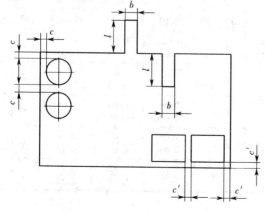

图 3-1　冲裁件的结构工艺性

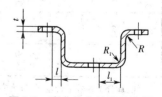

图 3-2　弯曲件上冲孔的位置

（5）冲孔时，因受凸模强度的限制，孔的尺寸不应太小，否则凸模易折断或压弯。用无导套凸模和有导套凸模所能冲制的最小尺寸孔分别见表 3-11 和表 3-12。

表 3-11　用无导套凸模冲孔的最小尺寸

材　料				
钢 $\tau > 700$ MPa	$d \geqslant 1.5t$	$b \geqslant 1.35t$	$b \geqslant 1.1t$	$b \geqslant 1.2t$
钢 $\tau = 400 \sim 700$ MPa	$d \geqslant 1.3t$	$b \geqslant 1.2t$	$b \geqslant 0.9t$	$b \geqslant 1.0t$
钢 $\tau \approx 400$ MPa	$d \geqslant 1.0t$	$b \geqslant 0.9t$	$b \geqslant 0.7t$	$b \geqslant 0.8t$
黄铜、铜	$d \geqslant 0.9t$	$b \geqslant 0.8t$	$b \geqslant 0.6t$	$b \geqslant 0.7t$
铝、锌	$d \geqslant 0.8t$	$b \geqslant 0.7t$	$b \geqslant 0.5t$	$b \geqslant 0.6t$

注：t 为料厚，τ 为抗剪强度。

表 3-12　用带导套凸模冲孔的最小尺寸

材料	圆孔（直径）	矩形孔（短边宽）
硬钢	$\geqslant 0.5t$	$\geqslant 0.4t$
黄铜、软钢	$\geqslant 0.35t$	$\geqslant 0.3t$
铝、锌	$\geqslant 0.3t$	$\geqslant 0.28t$

注：t 为料厚。

2）冲裁件的尺寸精度

普通冲裁件内、外形尺寸的经济精度一般不高于 IT11 级，落料件精度最好低于 IT10 级，冲孔件最好低于 IT9 级。冲裁得到的工件的内、外形尺寸的公差见表 3-13。如果工件要求的公差值小于表 3-13 值，则要在冲裁后加整修工序或采用精密冲裁法。

表 3-13　冲裁件内、外形尺寸的公差　　　　　　　　　　　　mm

材料厚度 t	工件尺寸							
	一般精度的工件				较高精度的工件			
	<10	10~50	50~150	150~300	<10	10~50	50~150	150~300
0.2~0.5	$\dfrac{0.08}{0.05}$	$\dfrac{0.10}{0.08}$	$\dfrac{0.14}{0.12}$	0.2	$\dfrac{0.025}{0.02}$	$\dfrac{0.03}{0.04}$	$\dfrac{0.05}{0.08}$	0.08
0.5~1	$\dfrac{0.12}{0.05}$	$\dfrac{0.16}{0.08}$	$\dfrac{0.22}{0.12}$	0.3	$\dfrac{0.03}{0.02}$	$\dfrac{0.04}{0.04}$	$\dfrac{0.06}{0.08}$	0.10
1~2	$\dfrac{0.18}{0.06}$	$\dfrac{0.22}{0.10}$	$\dfrac{0.30}{0.16}$	0.5	$\dfrac{0.04}{0.03}$	$\dfrac{0.06}{0.06}$	$\dfrac{0.08}{0.10}$	0.12
2~4	$\dfrac{0.24}{0.08}$	$\dfrac{0.28}{0.12}$	$\dfrac{0.40}{0.20}$	0.7	$\dfrac{0.06}{0.04}$	$\dfrac{0.08}{0.08}$	$\dfrac{0.10}{0.12}$	0.15
4~6	$\dfrac{0.30}{0.10}$	$\dfrac{0.35}{0.15}$	$\dfrac{0.50}{0.25}$	1.0	$\dfrac{0.08}{0.05}$	$\dfrac{0.12}{0.10}$	$\dfrac{0.15}{0.15}$	0.20

注：1. 分子为外形公差，分母为内孔公差。
　　2. 一般精度的工件采用 IT8~IT7 级精度的普通冲裁模，较高精度的工件采用 IT7~IT6 级精度的高级冲裁模。

冲裁件孔心距的尺寸公差见表 3-14 和表 3-15。

表 3-14　两孔中心距尺寸公差　　　　　　　　　　　　　mm

材料厚度 t	一般精度（模具）			较高精度（模具）		
	孔距基本尺寸					
	≤50	50 ~ 150	150 ~ 300	≤50	50 ~ 150	150 ~ 300
≤1	± 0. 10	± 0. 15	± 0. 20	± 0. 03	± 0. 05	± 0. 08
1 ~ 2	± 0. 12	± 0. 20	± 0. 30	± 0. 04	± 0. 06	± 0. 10
2 ~ 4	± 0. 15	± 0. 25	± 0. 35	± 0. 06	± 0. 08	± 0. 12
4 ~ 6	± 0. 20	± 0. 30	± 0. 40	± 0. 08	± 0. 10	± 0. 15

注:1. 表中所列孔距公差,适用于两孔同时冲出的情况。

　2. 一般精度指模具工作部分达 IT8 级,凹模后角为 15′ ~ 30′ 的情况;较高精度指模具工作部分达 IT7 级以上,凹模后角不超过 15′。

表 3-15　孔中心与边缘距离尺寸公差　　　　　　　　　　　mm

材料厚度 t	孔中心与边缘距离尺寸			
	≤50	50 ~ 120	120 ~ 220	220 ~ 360
≤2	± 0. 5	± 0. 6	± 0. 7	± 0. 8
2 ~ 4	± 0. 6	± 0. 7	± 0. 8	± 1. 0
>4	± 0. 7	± 0. 8	± 1. 0	± 1. 2

注:本表适用于先落料再进行冲孔的情况。

3）冲裁件的表面粗糙度

冲裁件的断面粗糙度与材料塑性、材料厚度、冲裁模间隙、刃口锐钝以及冲模结构等有关。一般冲裁件的断面粗糙度见表 3-16。

表 3-16　一般冲裁件的断面结构值

材料厚度 t/mm	≤1	1 ~ 2	2 ~ 3	3 ~ 4	4 ~ 5
断面粗糙度 Ra/μm	3. 2	6. 3	12. 5	25	50

2. 冲裁工艺方案的确定

确定冲裁工艺方案是指确定零件冲裁时所需要的工序的性质、工序数量、工序顺序和工序的组合方式。在冲裁工艺性分析的基础上,一个冲裁件可以拟订出几套冲裁工艺方案,然后根据生产批量和企业现有生产条件,通过对各种方案的综合分析和比较,确定一个技术经济性最佳的工艺方案。合理的工艺方案应该表现在以下几个方面。

1）满足产品质量要求

任何一种工艺方案,它的首要任务是保证产品质量,在保证产品质量的前提下,才能考虑其他问题。

2）满足生产批量要求

因为模具费用在冲裁件的成本中占很大比重,所以冲裁件的生产批量的大小在很大程度上决定了冲裁工艺方案。表3-17为生产批量与模具类型的关系。

表 3-17 生产批量与模具类型的关系

生产性质	生产批量/万件	模具类型	设备类型
小批量或试制	<1	单工序模、组合模、简易模	通用压力机
中批量	1~30	单工序模、级进模、复合模、半自动模	半自动或自动通用压力机、高速压力机
大批量	30~150	复合模、多工位自动级进模、自动模	机械化高速压力机、自动化压力机
大量	>150	硬质合金模、多工位自动级进模	自动化压力机、专用压力机

3）工序安排应合理

不管是单工序冲裁，还是多工序组合冲裁，工序安排应合理，必须做到定位可靠，工艺稳定，前工序为后工序提供可靠定位，后工序不影响前工序的质量。

所有的孔，只要其形状和尺寸不受后续工序的影响，都应在平板毛坯上冲出，冲出的孔还可以作为后续工序定位基准使用。形状和尺寸将受以后某工序变形影响的孔，一般都应在有关的工序完成后再冲。

带有缺口或孔的平板形零件，使用单工序模时，一般先落料后再冲缺口或孔；使用级进模时，则先冲缺口或孔，然后落料。

4）模具有足够的强度和寿命

如采用复合模冲裁，应考虑壁厚强度而决定是采用正装式复合模还是倒装式复合模；如采用级进模冲裁，应考虑先冲哪一个工序，后冲哪一个工序，以便既能保证制件质量，又能提高模具寿命等。

5）安全方便

冲裁时操作必须方便和安全。

3.冲裁模具结构的选择

在生产实际中，确定冲裁模的结构类型时，应根据冲裁件的结构特点、精度要求、生产批量以及模具加工能力等因素综合考虑，最终选择的模具结构类型，不仅要满足冲裁件精度和生产率的要求，还应满足制造容易、使用方便、操作安全、成本低廉等要求。

表3-18为单工序模、级进模和复合模的对比。

表 3-18 单工序模、级进模和复合模的对比

模具种类 比较项目	单工序模		级进模	复合模
	无导向	有导向		
零件公差等级	低	一般	可达 IT13 至 IT10 级	可达 IT10 至 IT8 级
零件特点	尺寸不受限制，厚度不限	中小型尺寸，厚度较厚	小型件，$t=0.2~6$ mm，可加工复杂零件，如宽度极小的异型件和特殊形状零件	形状与尺寸受模具结构与强度的限制，尺寸可以较大，厚度可达 3 mm
零件平面度	差	一般	中、小件不平直，高质量工件需校平	由于压料冲裁的同时得到了校平，冲件平直且有较好的剪切断面

续表

比较项目 / 模具种类	单工序模		级进模	复合模
	无导向	有导向		
生产效率	低	较低	工序间自动送料,可以自动排除冲件,生产效率高	冲件被顶到模具工作面上必须用手工或机械排除,生产效率稍低
使用高速自动冲床的可能性	不能使用	可以使用	可以在行程次数为每分钟400 次或更多的压力机上工作	操作时出件困难,可能损坏弹簧缓冲机构,不作推荐
安全性	不安全,需采取安全措施		比较安全	不安全,需采取安全措施
多排的应用			常用于尺寸较小的工件	很少采用
模具制造工作量和成本	低	比无导向稍高	冲裁较简单零件时比复合模低	冲裁复杂零件时比级进模低

复合模冲裁质量比级进模、单工序模高,当冲裁件尺寸精度要求高、平面要求平整时,宜采用复合模;对于小批量和试制生产,适宜采用成本较低的单工序模,只有中大批量生产才采用结构复杂但生产效率高的级进模或复合模;当大批量生产尺寸较小的冲裁件时,为了便于送料、出件和清除废料,应采用工作安全性较好的级进模,但冲裁件的尺寸较大时,由于受压力机工作台面尺寸与工序数的限制,不宜采用级进模。此外,确定的冲裁模结构类型还要考虑制模条件,应与模具加工能力相适应。

3.3.2　冲裁工艺力的计算

1. 冲裁力的计算

冲裁力是冲裁过程中凸模对板料施加的压力,随凸模进入材料的深度而变化。通常说的冲裁力是指冲裁力的最大值。

用普通平刃口模具冲裁时,其冲裁力 F 一般按下式计算:

$$F = KLt\tau_b$$

式中　F——冲裁力(N);

　　　L——冲裁周边长度(mm);

　　　t——材料厚度(mm);

　　　τ_b——材料抗剪强度(MPa);

　　　K——系数。

系数 K 是考虑到实际生产中,模具间隙值的波动和不均匀、刃口的磨损、板料力学性能和厚度波动等因素的影响而给出的修正系数,一般取 $K = 1.3$。

为计算简便,也可按下式估算冲裁力:

$$F = Lt\sigma_b$$

式中　σ_b——材料的抗拉强度(MPa)。

2. 卸料力、推件力和顶件力的计算

卸料力、推件力和顶件力是由压力机和模具卸料装置或顶件装置传递的,所以在选择设备的公称压力或设计冲模时,应分别予以考虑,生产中常用经验公式计算。

1）卸料力的计算

为了使冲裁工作持续进行,必须将箍在凸模上的料卸下。从凸模上卸下箍着的料所需要的力称为卸料力,用 F_x 表示。

卸料力在生产中常用下列经验公式计算:

$$F_x = K_x F$$

2）推件力和顶件力的计算

冲裁结束时,冲落部分的材料会堵塞在凹模内,在下次冲裁进行之前,必须将卡在凹模内的料推出。将堵塞在凹模内的料顺冲裁方向推出所需要的力称为推件力,用 F_t 表示;逆冲裁方向将料从凹模内顶出所需要的力称为顶件力,用 F_d 表示。

推件力和顶件力在生产中常用下列经验公式计算:

$$F_t = n K_t F$$

$$F_d = K_d F$$

式中　F——冲裁力;

　　　K_x、K_t、K_d——卸料力、推件力、顶件力系数,其值见表 3-19;

　　　n——同时卡在凹模内的冲裁件(或废料)数,凹模为锥形刃口时 $n=0$,凹模为直刃口时 $n=h/t$,其中 h 为凹模孔口的直刃壁高度,t 为板料厚度。

表 3-19　卸料力、推件力和顶件力系数

材料厚度 t/mm		K_x	K_t	K_d
钢	≤0.1	0.065 ~ 0.075	0.100	0.140
	>0.1 ~ 0.5	0.045 ~ 0.055	0.063	0.080
	>0.5 ~ 2.5	0.040 ~ 0.050	0.055	0.060
	>2.5 ~ 6.5	0.030 ~ 0.040	0.045	0.050
	>6.5	0.020 ~ 0.030	0.025	0.030
铝、铝合金		0.025 ~ 0.080	0.030 ~ 0.070	
纯铜、黄铜		0.020 ~ 0.060	0.030 ~ 0.090	

注:卸料力系数 K_x,在冲多孔、大搭边和轮廓复杂制件时取上限。

3. 压力机公称压力的确定

冲裁时,压力机的公称压力必须大于或等于冲压力(F_z)。F_z 为冲裁力和冲裁附加力总和。计算时应根据模具结构的不同而分别对待。

当模具结构采用弹性卸料装置和下出件方式时

$$F_z = F + F_x + F_t$$

当模具结构采用弹性卸料装置和上出件方式时

$$F_z = F + F_x + F_d$$

当模具结构采用刚性卸料装置和下出件方式时

$$F_z = F + F_t$$

4. 压力中心的确定

模具的压力中心也就是冲压力合力的作用点。为了保证压力机和模具的正常工作,模具的压力中心应该与压力机滑块中心线重合。否则,冲压时滑块就会承受偏心载荷,导致滑块导轨和模具导向部分不正常的磨损,还会使合理间隙得不到保证,从而影响制件质量和降低模具寿命甚至损坏模具。

1)简单几何图形制件的压力中心的确定

(1)形状简单对称的制件(包括直线段),其压力中心位于制件轮廓图形的几何中心上,如图 3-3 所示。

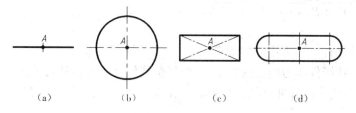

图 3-3　形状简单对称制件的压力中心

(2)冲裁圆弧线段时,其压力中心的位置如图 3-4 所示,可以按下式计算:

$$x_0 = \frac{180°R\sin\alpha}{\pi\alpha} = \frac{Rb}{l}$$

式中　x_0——圆弧线段压力中心到圆心的距离;

　　　R——圆弧线段的半径(mm);

　　　α——圆弧线段所对应的中心角的一半(°);

　　　l——圆弧线段的弧长(mm);

　　　b——圆弧线段的弦长(mm)。

2)多凸模模具和复杂形状制件的压力中心的确定

多个凸模冲裁的压力中心常用解析法计算。参见图 3-5,其具体计算步骤如下。

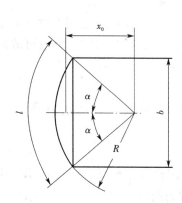

图 3-4　圆弧线段的压力中心

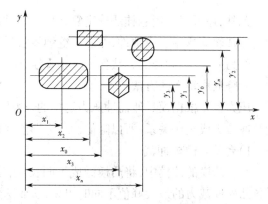

图 3-5　多凸模冲裁的压力中心

(1)建立坐标系,通常取某一型孔的对称轴为计算坐标轴。

(2)对形状复杂的型孔求出每一线段或多孔凹模每一型孔的冲裁力 $P_1,P_2,P_3,\cdots$求出各线段或各型孔的压力中心对坐标轴的距离$(x_1,y_1),(x_2,y_2),(x_3,y_3),\cdots$

(3)根据合力力矩等于各分力力矩的代数和,即可求出总压力中心的坐标位置(x_0,y_0)。由于冲裁力与冲裁长度成正比,故可用被冲线段长度或各型孔工作周边长度 $L_1,L_2,L_3,\cdots$代替冲裁力 P 来求出压力中心坐标值(x_0,y_0)。

$$x_0 = \frac{P_1 x_1 + P_2 x_2 + \cdots + P_n x_n}{P_1 + P_2 + \cdots + P_n} = \frac{l_1 x_1 + l_2 x_2 + \cdots + l_n x_n}{l_1 + l_2 + \cdots + l_n} = \frac{\sum\limits_{i=1}^{n} l_i x_i}{\sum\limits_{i=1}^{n} l_i}$$

$$y_0 = \frac{P_1 y_1 + P_2 y_2 + \cdots + P_n y_n}{P_1 + P_2 + \cdots + P_n} = \frac{l_1 y_1 + l_2 y_2 + \cdots + l_n y_n}{l_1 + l_2 + \cdots + l_n} = \frac{\sum\limits_{i=1}^{n} l_i y_i}{\sum\limits_{i=1}^{n} l_i}$$

3）复杂形状制件的压力中心的确定

对于复杂形状制件压力中心的确定,可将复杂制件分解成各种简单形状,找出各简单形状的压力中心,再用多凸模冲裁的压力中心计算方法进行计算,参见图3-6。

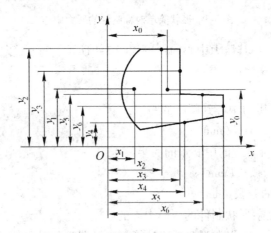

图3-6　复杂形状制件压力中心的确定

此外,还可以采用悬挂法确定复杂形状制件的模具压力中心。悬挂法是用匀质细金属丝沿冲裁轮廓弯制成模拟件,然后用缝纫线将模拟件悬吊起来,并从吊点作铅垂线;再取模拟件的另一点,以同样的方法作另一铅垂线,两垂线的交点即为压力中心。

5. 降低冲裁力的方法

压力机是根据模具所需冲压力选用的,冲压力的主要部分是冲裁力,冲裁力中的附加力均与冲裁力成正比关系,所以降低冲裁力即能降低冲压力。

1）台阶式凸模冲裁

在多凸模的冲模中,将凸模做成不同长度,使工作端面按台阶分布,如图3-7所示。这样各凸模冲裁力的最大峰值不同时出现,从而达到降低冲裁力的目的。

台阶式凸模不仅能降低冲裁力,而且能减小冲床的振动。在直径相差较大,距离又很近的多孔冲裁中,还应避免小直径凸模受被冲材料流动产生的水平力作用,而产生折断或倾斜现象。为此,在多孔冲裁中,一般将小直径凸模做短些。

凸模间的高度差 h 与板料厚度 t 有关,即

$t < 3$ mm 时　$h = t$

$t > 3$ mm 时　$h = 0.5t$

台阶式凸模冲裁的冲裁力,一般只按产生最大冲裁力的那一个台阶进行计算。

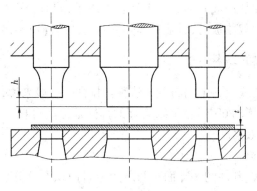

图 3-7　台阶式凸模冲裁

2）斜刃冲裁

用平刃口模具冲裁时,沿刃口整个制件周边同时参加冲裁工作,冲裁力较大。斜刃冲裁就是将凸模(或凹模)刃口平面做成与其轴线倾斜一个角度的斜刃,这样冲裁时刃口就不是全部同时切入,而是逐步地将材料切离,因此冲裁力可显著降低。

采用斜刃口冲裁时,为了获得平整工件,落料时凸模应为平刃,将斜刃口开在凹模上,如图 3-8(a)、(b)所示。冲孔时相反,凹模应为平刃,凸模为斜刃,如图 3-8(c)、(d)、(e)所示。斜刃应当是两面的,并对称于模具的压力中心,以免冲裁时模具承受单向侧压力而发生偏移,啃伤刃口,如图 3-8(a)至(e)所示。向一边斜的斜刃,只能用于切舌或切开,如图 3-8(f)所示。

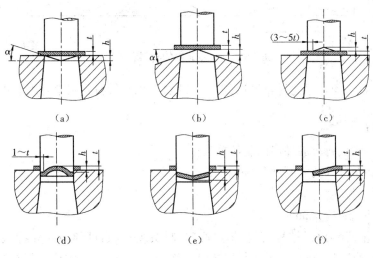

图 3-8　斜刃冲裁

斜刃冲裁虽然能降低冲裁力,但模具制造复杂、刃口易磨损、修磨困难,得到的制件不够平整,不适于冲裁外形复杂的制件,因此在一般情况下尽量不用,只用于大型冲件或厚板的冲裁。

3）加热冲裁

加热冲裁也称为红冲,是利用材料加热到一定的温度之后,其抗剪强度显著降低的特点,使冲裁力减小。但加热冲裁容易破坏工件表面质量,同时会产生热变形且精度低,因此应用比较少,一般只在冲裁厚板时,将板料加热来解决冲床吨位不足的问题。

3.3.3　冲裁件排样与搭边

冲裁件在条料、带料或板料上的布置方法称为排样。一般来说,在冲压生产中材料的费用要占整个工件成本费用的60%～80%,合理的排样是提高材料利用率、降低成本、保证冲件质量及模具寿命的有效措施。

1. 材料利用率的计算

材料利用率是指冲裁制件的实际面积与所用板料面积的百分比,用 η 表示。材料利用率是衡量合理利用材料的经济性指标。

一个送料步距内的材料利用率(图3-9)可用下式计算:

$$\eta = \frac{A}{BS} \times 100\%$$

式中　A——一个步距内制件的实际面积(mm^2);

　　　B——条料宽度(mm);

　　　S——送料步距(mm)。

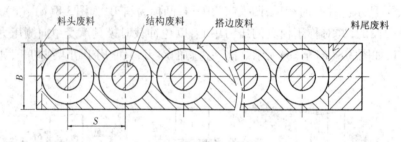

图3-9　一个步距内的材料利用率

如果考虑料头和料尾的材料消耗,则一张块料上总的材料利用率可用下式计算:

$$\eta = \frac{nA}{LB} \times 100\%$$

式中　n——一张块料所能冲出的制件总数;

　　　A——一个制件的实际面积(mm^2);

　　　L——块料长度(mm);

　　　B——块料宽度(mm)。

冲裁条料上废料包括结构废料、搭边废料、料头废料和料尾废料等四种废料,如图3-9所示。其中,搭边废料、料头废料和料尾废料统称为工艺废料;而结构废料是制件形状设计所产生的废料,这种废料无法避免。

同一个制件,排样不同时,材料利用率也会不同。所以,要提高材料利用率,必须选择合适的板料规格和合理的裁板方法,即确定合理的排样方案以减少工艺废料。

2. 排样原则

确定排样方案时应遵循的原则是:保证在最低的材料消耗和最高的劳动生产率的条件下得到符合技术条件要求的零件,同时要考虑生产操作方便、冲模结构简单、模具寿命长以及车间生产条件和原材料供应情况等。

3. 排样方法

根据材料的合理利用情况,条料排样方法可分为有废料排样、少废料排样、无废料排样三种,如图 3-10 所示。

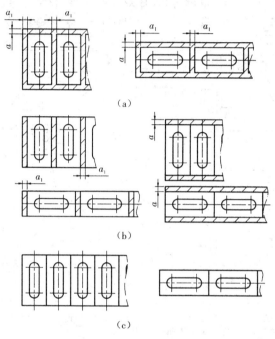

图 3-10　排样方法分类
(a)有废料排样　(b)少废料排样　(c)无废料排样

1)有废料排样

如图 3-10(a)所示,沿制件全部外形冲裁,制件与制件之间、制件与条料侧边之间都留有搭边废料。由于具有搭边,定位时存在的误差可由搭边来补偿,制件尺寸完全由冲模来保证,因此精度高,并且模具寿命也高,但材料利用率低。

2)少废料排样

如图 3-10(b)所示,沿制件部分外形切断或冲裁,只在制件与制件之间或制件与条料侧边之间留有搭边,材料利用率较高。

3)无废料排样

如图 3-10(c)所示,制件周围无任何搭边,制件由切断条料直接获得,材料利用率最高。

采用少、无废料的排样方法虽然可以提高材料利用率,并能降低冲裁力和简化冲裁模结构。但是,因受条料本身的公差以及条料导向与定位所产生的误差影响,使冲裁件的质量和精度较低。同时,由于模具受力不均匀,磨损加剧,从而降低模具寿命以及冲裁件的断面质量。因此,设计时应如何排样,必须统筹兼顾、全面考虑。

对于有废料排样和少、无废料排样,按制件在条料上的布置形式还可进一步分为直排、斜排、对排、混合排、多排等,如表 3-20 所示。

表 3-20 排样形式分类

排样形式	有废料排样		少、无废料排样	
	简图	应用	简图	应用
直排	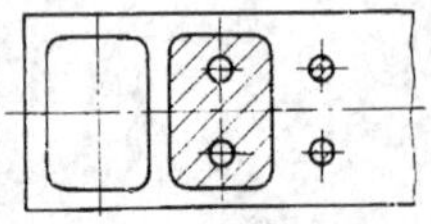	用于简单几何形状(方形、矩形、圆形)的冲件	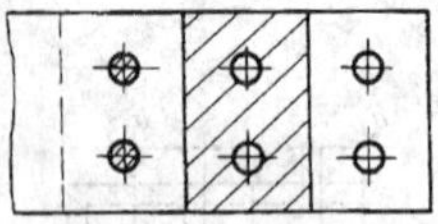	用于矩形或方形冲件
斜排	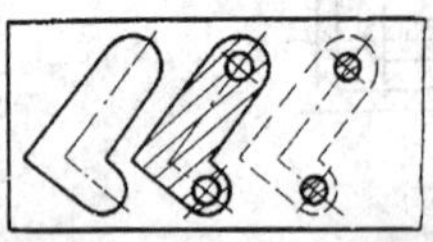	用于 T 形、L 形、S 形、十字形、椭圆形的冲件	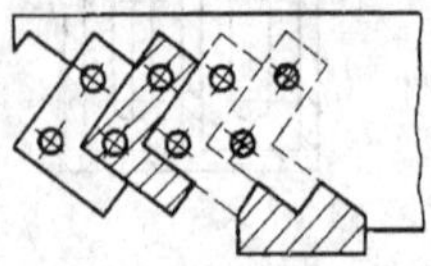	用于 L 形或其他形状的冲件,在外形上允许有不大的缺陷
直对排	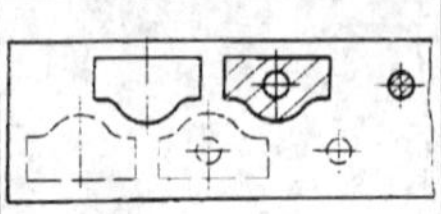	用于 T 形、山形、梯形、三角形、半圆形的冲件	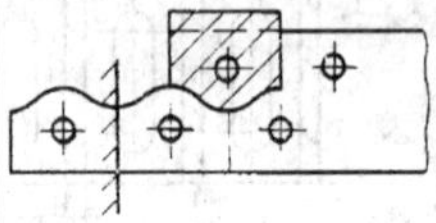	用于 T 形、山形、梯形、三角形零件,在外形上允许有不大的缺陷
斜对排	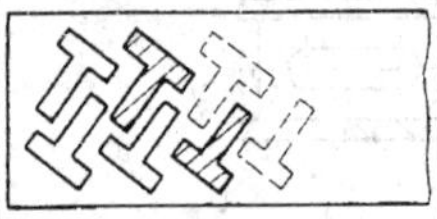	用于材料利用率比直对排时高的情况	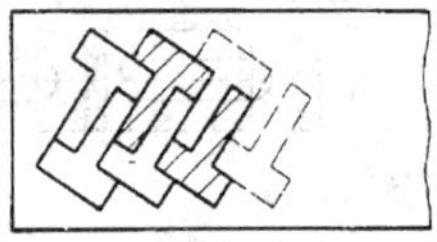	多用于 T 形冲件
混合排	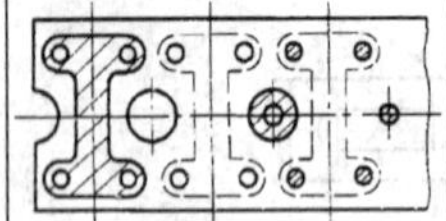	用于材料及厚度都相同的两种以上的冲件	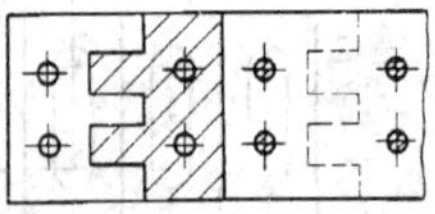	用于两个外形互相嵌入的不同冲件(如铰链)
多排	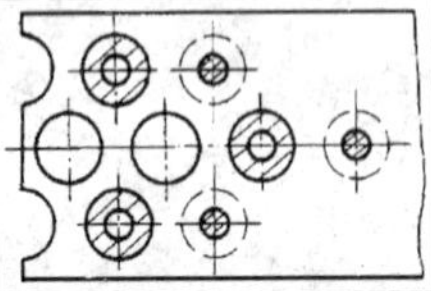	用于大批生产中尺寸不大的圆形、六角形、方形、矩形冲件	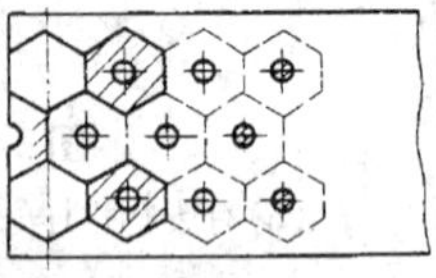	用于大批生产中尺寸不大的方形、矩形及六角形的冲件
冲裁搭边	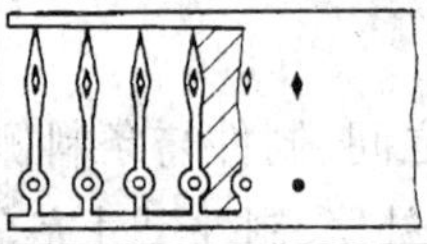	大批生产用于小的窄冲件(表针及类似的冲件)或带料的连续拉深	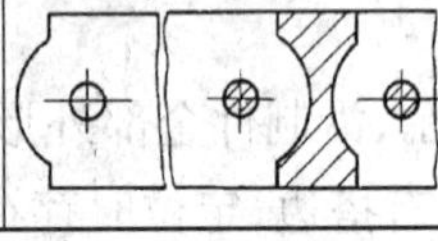	用于以宽度均匀的带料或带料冲制长形件

在冲压生产实际中,对于形状复杂的冲件,通常用纸片剪成 3~5 个样件,然后摆出各种不同的排样方法,经过分析和计算,决定出合理的排样方案。

4.搭边

排样时制件之间以及制件与条料侧边之间留下的工艺废料称为搭边。

1)搭边的作用

搭边的作用表现在以下三个方面:

(1)补偿定位误差和剪板误差,确保冲出合格零件;

(2)保证条料具有一定刚度,便于条料送进,从而提高劳动生产率;

(3)可以避免冲裁时条料边缘的毛刺被拉入模具间隙,从而提高模具寿命。

根据生产的统计,正常搭边比无搭边冲裁时的模具寿命高 50% 以上。

2)搭边值的确定

搭边值取决于以下因素:

（1）材料的力学性能，硬材料的搭边值可小一些，软材料、脆材料的搭边值要大一些；

（2）材料厚度，材料越厚，搭边值也越大；

（3）冲裁件的形状与尺寸，零件外形越复杂，圆角半径越小，搭边值越大；

（4）送料及挡料方式，用手工送料，有侧压装置的搭边值可以小一些，用侧刃定距比用挡料销定距的搭边值小一些；

（5）卸料方式，弹性卸料比刚性卸料的搭边值小一些。

搭边值的大小一般由经验确定。表 3-21 为最小搭边值的经验数值表，供设计时参考。

表 3-21　最小搭边值的经验数值　　　　　　　　　mm

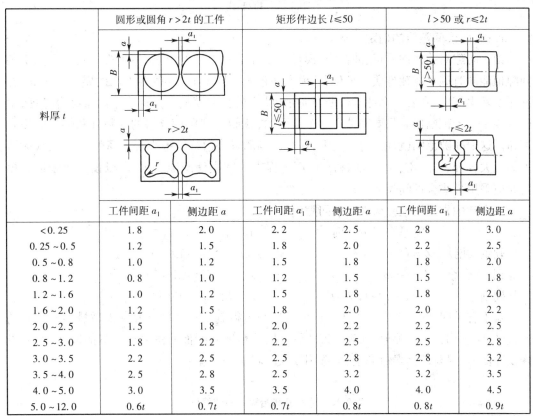

料厚 t	圆形或圆角 $r>2t$ 的工件		矩形件边长 $l \leqslant 50$		$l>50$ 或 $r \leqslant 2t$	
	工件间距 a_1	侧边距 a	工件间距 a_1	侧边距 a	工件间距 a_1	侧边距 a
<0.25	1.8	2.0	2.2	2.5	2.8	3.0
0.25~0.5	1.2	1.5	1.8	2.0	2.2	2.5
0.5~0.8	1.0	1.2	1.5	1.8	1.8	2.0
0.8~1.2	0.8	1.0	1.2	1.5	1.5	1.8
1.2~1.6	1.0	1.2	1.5	1.8	1.8	2.0
1.6~2.0	1.2	1.5	1.8	2.0	2.0	2.2
2.0~2.5	1.5	1.8	2.0	2.2	2.2	2.5
2.5~3.0	1.8	2.2	2.2	2.5	2.5	2.8
3.0~3.5	2.2	2.5	2.5	2.8	2.8	3.2
3.5~4.0	2.5	2.8	2.5	3.2	3.2	3.5
4.0~5.0	3.0	3.5	3.5	4.0	4.0	4.5
5.0~12.0	0.6t	0.7t	0.7t	0.8t	0.8t	0.9t

注：表列搭边值适用于低碳钢，对于其他材料，应将表中数值乘以下列系数，其中中等硬度钢为 0.9，软黄铜、纯铜为 1.2，硬钢为 0.8，铝为 1.3~1.4，硬黄铜为 1~1.1，非金属为 1.5~2，硬铝为 1~1.2。

5. 排样图

排样图是排样设计的最终表达形式，也是备料、加工的依据。一张完整的排样图应标注条料宽度、长度（卷料除外）、板料厚度、步距、搭边（a 和 a_1），如图 3-11 所示。

排样图应绘制在冲压工艺规程卡片上和冲裁模总装图的右上角。

3.3.4　凸、凹模刃口尺寸的计算

冲裁模的凸模和凹模的刃口尺寸和公差，是影响冲裁件尺寸精度的首要因素。

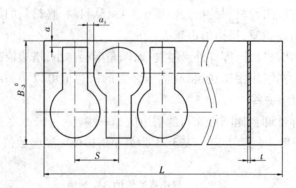

图 3-11　排样图

1. 凸、凹模间隙值的确定

由于间隙对冲裁件质量、冲裁力、模具寿命等都有很大的影响,但很难找到一个固定的间隙值能同时满足冲裁件质量最佳、冲模寿命最长、冲裁力最小等各方面的要求。因此,在冲压实际生产中,主要根据冲裁件断面质量、尺寸精度和模具寿命这三个因素综合考虑,给间隙规定一个范围值。只要间隙在这个范围内,就能得到质量合格的冲裁件和较长的模具寿命。这个间隙范围就称为合理间隙,这个范围的最小值称为最小合理间隙($Z_{\min}$),最大值称为最大合理间隙($Z_{\max}$)。考虑到在生产过程中的磨损使间隙变大,所以设计与制造新模具时应采用最小合理间隙 $Z_{\min}$。

在生产中常采用经验法来确定间隙值。

	当料厚 $t < 3$ mm 时	当料厚 $t > 3$ mm 时
软钢、纯铁	$Z = (6\% \sim 9\%)t$	$Z = (15\% \sim 19\%)t$
铜、铝合金	$Z = (6\% \sim 10\%)t$	$Z = (16\% \sim 21\%)t$
硬钢	$Z = (8\% \sim 12\%)t$	$Z = (17\% \sim 25\%)t$

对于有关间隙值,在实际生产中还可通过查表得到。尺寸精度和断面质量要求较高的冲裁件,应选用较小间隙值,如表 3-22 所示;尺寸精度和断面质量要求一般的冲裁件,应以降低冲裁力、提高模具寿命为主,可选用较大间隙值,如表 3-23 所示。

表 3-22　冲裁模初始双面间隙值(一)　　　　　　　　　　　　　　　　　　mm

材料厚度/t	软铝		纯铜、黄铜、软钢 $W_C = 0.08\% \sim 0.2\%$		杜拉铝、中等硬钢 $W_C = 0.3\% \sim 0.4\%$		硬钢 $W_C = 0.5\% \sim 0.6\%$	
	$Z_{\min}$	$Z_{\max}$	$Z_{\min}$	$Z_{\max}$	$Z_{\min}$	$Z_{\max}$	$Z_{\min}$	$Z_{\max}$
0.2	0.008	0.012	0.010	0.014	0.012	0.016	0.014	0.018
0.3	0.012	0.018	0.015	0.021	0.018	0.024	0.021	0.027
0.4	0.016	0.024	0.020	0.028	0.024	0.032	0.028	0.036
0.5	0.020	0.030	0.025	0.035	0.030	0.040	0.035	0.045
0.6	0.024	0.036	0.030	0.042	0.036	0.048	0.042	0.054
0.7	0.028	0.042	0.035	0.049	0.042	0.056	0.049	0.063
0.8	0.032	0.048	0.040	0.056	0.048	0.064	0.056	0.072
0.9	0.036	0.054	0.045	0.063	0.054	0.072	0.063	0.081
1.0	0.040	0.060	0.050	0.070	0.060	0.080	0.070	0.090
1.2	0.050	0.084	0.072	0.096	0.084	0.108	0.096	0.120

续表

材料厚度/t	软铝		纯铜、黄铜、软钢 $W_C = 0.08\% \sim 0.2\%$		杜拉铝、中等硬钢 $W_C = 0.3\% \sim 0.4\%$		硬钢 $W_C = 0.5\% \sim 0.6\%$	
	Z_{min}	Z_{max}	Z_{min}	Z_{max}	Z_{min}	Z_{max}	Z_{min}	Z_{max}
1.5	0.075	0.105	0.090	0.120	0.105	0.135	0.120	0.150
1.8	0.090	0.126	0.108	0.144	0.126	0.162	0.144	0.180
2.0	0.100	0.140	0.120	0.160	0.140	0.180	0.160	0.200
2.2	0.132	0.176	0.154	0.198	0.176	0.220	0.198	0.242
2.5	0.150	0.200	0.175	0.225	0.200	0.250	0.225	0.275
2.8	0.168	0.224	0.196	0.252	0.224	0.280	0.252	0.308
3.0	0.180	0.240	0.210	0.270	0.240	0.300	0.270	0.330
3.5	0.245	0.315	0.280	0.350	0.315	0.385	0.350	0.420
4.0	0.280	0.360	0.320	0.400	0.360	0.440	0.400	0.480
4.5	0.315	0.405	0.360	0.450	0.405	0.490	0.450	0.540
5.0	0.350	0.450	0.400	0.500	0.450	0.550	0.500	0.600
6.0	0.480	0.600	0.540	0.660	0.600	0.720	0.660	0.780
7.0	0.560	0.700	0.630	0.770	0.700	0.840	0.770	0.910
8.0	0.720	0.880	0.800	0.960	0.880	1.040	0.960	1.120
9.0	0.870	0.990	0.900	1.080	0.990	1.170	1.080	1.260
10.0	0.900	1.100	1.000	1.200	1.100	1.300	1.200	1.400

注:1. 初始间隙的最小值相当于间隙的公称数值。

2. 初始间隙的最大值是考虑到凸模和凹模的制造公差所增加的数值。

3. 在使用过程中,由于模具工作部分的磨损,间隙将有所增加,因而间隙的使用最大数值要超过表列数值。

表 3-23　冲裁模初始双面间隙值(二)　　　　　　mm

材料厚度/t	08、10、35、09Mn Q235		16Mn		40、50Mn		65Mn	
	Z_{min}	Z_{max}	Z_{min}	Z_{max}	Z_{min}	Z_{max}	Z_{min}	Z_{max}
<0.5	极小间隙							
0.5	0.040	0.060	0.040	0.060	0.040	0.060	0.040	0.060
0.6	0.048	0.072	0.048	0.072	0.048	0.072	0.048	0.072
0.7	0.064	0.092	0.064	0.092	0.064	0.092	0.064	0.092
0.8	0.072	0.104	0.072	0.104	0.072	0.104	0.064	0.092
0.9	0.090	0.126	0.090	0.126	0.090	0.126	0.090	0.126
1.0	0.100	0.140	0.100	0.140	0.100	0.140	0.090	0.126
1.2	0.126	0.180	0.132	0.180	0.132	0.180		
1.5	0.132	0.240	0.170	0.240	0.170	0.240		
1.75	0.220	0.320	0.220	0.320	0.220	0.320		
2.0	0.246	0.360	0.260	0.380	0.260	0.380		
2.1	0.260	0.380	0.280	0.400	0.280	0.400		
2.5	0.360	0.500	0.380	0.540	0.380	0.540		
2.75	0.400	0.560	0.420	0.600	0.420	0.600		
3.0	0.460	0.640	0.480	0.660	0.480	0.660		
3.5	0.540	0.740	0.580	0.780	0.580	0.780		
4.0	0.640	0.880	0.680	0.920	0.680	0.920		
4.5	0.720	1.000	0.680	0.960	0.780	1.040		
5.5	0.940	1.280	0.780	1.100	0.980	1.320		
6.0	1.080	1.440	0.840	1.200	1.140	1.500		

续表

材料厚度/t	08、10、35、09Mn Q235		16Mn		40、50Mn		65Mn	
	Z_{min}	Z_{max}	Z_{min}	Z_{max}	Z_{min}	Z_{max}	Z_{min}	Z_{max}
6.5			0.940	1.300				
8.0			1.200	1.680				

注:冲裁皮革、石棉和纸板时,间隙取 08 钢的 25%。

2. 凸、凹模刃口尺寸的计算原则

在模具的使用过程中,凸模和凹模的刃口会产生磨损,凸模越磨越小,凹模越磨越大,结果使间隙越来越大。所以,在计算凸模和凹模的刃口尺寸时,落料和冲孔应区别对待,遵循的原则如下。

(1)设计落料模先确定凹模刃口尺寸。以凹模为基准,间隙取在凸模上,即冲裁间隙通过减小凸模刃口尺寸来取得。

(2)设计冲孔模先确定凸模刃口尺寸。以凸模为基准,间隙取在凹模上,即冲裁间隙通过增大凹模刃口尺寸来取得。

(3)考虑到冲裁中凸、凹模的磨损,设计落料模时,凹模基本尺寸应取零件尺寸公差范围的较小尺寸;设计冲孔模时,凸模基本尺寸则应取零件孔尺寸公差范围内的较大尺寸。这样,在凸、凹模磨损到一定程度的情况下,仍能冲出合格零件。

模具磨损预留量与工件制造精度有关,用 $x\Delta$ 表示,其中 Δ 为工件的公差值,x 为磨损系数,其值在 0.5~1 之间,根据工件制造精度进行选取:

①工件精度 IT10 以上,$x = 1$;

②工件精度 IT11~IT13,$x = 0.75$;

③工件精度 IT14,$x = 0.5$。

(4)不管落料还是冲孔,冲裁间隙一般选用最小合理间隙值 Z_{min}。

(5)确定冲模刃口制造公差时,应考虑零件的公差要求。如果对刃口尺寸精度要求过高,会使模具制造困难、增加成本、延长生产周期;如果对刃口尺寸精度要求过低,则生产出来的制件可能不合格,会使模具的寿命降低。一般来说,模具制造精度比零件精度高 2~4级。对于形状简单的圆形、方形刃口,其精度可按 IT6~IT7 级制造,或查表3-24;对于形状复杂的刃口,其精度可按零件对应公差值的 1/4 取值;若零件没有标注公差,可按 IT14 级处理,冲模则按 IT11 级制造。

表 3-24　规则形状(圆形、方形)冲裁时凸模、凹模的制造公差　　　　　　mm

基本尺寸	凸模公差 δ_t	凹模公差 δ_a	基本尺寸	凸模公差 δ_t	凹模公差 δ_a
≤18	0.020	0.020	>180~260	0.030	0.045
>18~30	0.020	0.025	>260~360	0.035	0.050
>30~80	0.020	0.030	>360~500	0.040	0.060
>80~120	0.025	0.035	>500	0.050	0.070
>120~180	0.030	0.040			

（6）工件尺寸公差与冲模刃口尺寸的制造偏差原则上都应标注为单向公差。但对于磨损后无变化的尺寸，一般标注双向偏差。

3. 凸、凹模刃口尺寸的计算方法

根据模具的加工方法不同，可以将凸模与凹模刃口尺寸的计算方法分为两种情况。

1）凸模与凹模分开加工

这种方法适用于圆形或简单规则形状的制件，因为冲裁此类工件的凸、凹模制造相对简单、精度容易保证，所以采用分别加工。

凸、凹模分开加工法的优点是凸、凹模具有互换性，制造周期短，便于成批制造。其缺点是为了保证初始间隙在合理范围内，需要采用较小的凸、凹模制造公差才能满足 $\delta_t + \delta_a \leqslant Z_{max} - Z_{min}$ 的要求，所以模具制造成本相对较高。

根据前述计算原则，采用凸模与凹模分开加工时，凸模和凹模刃口尺寸计算公式如下。

Ⅰ. 落料

根据计算原则，落料时以凹模为设计基准。首先确定凹模尺寸，使凹模的基本尺寸接近或等于工件轮廓的最小极限尺寸，再将凹模尺寸减小最小合理间隙值即得到凸模尺寸。

$$D_a = (D_{max} - x\Delta)_0^{+\delta_a}$$
$$D_t = (D_a - Z_{min})_{-\delta_t}^0 = (D_{max} - x\Delta - Z_{min})_{-\delta_t}^0$$

Ⅱ. 冲孔

根据计算原则，冲孔时以凸模为设计基准。首先确定凸模尺寸，使凸模的基本尺寸接近或等于工件孔的最大极限尺寸，再将凸模尺寸增大最小合理间隙值即得到凹模尺寸。

$$d_t = (d_{min} + x\Delta)_{-\delta_t}^0$$
$$d_a = (d_t + Z_{min})_0^{+\delta_d} = (d_{min} + x\Delta + Z_{min})_0^{+\delta_a}$$

3）孔心距

孔心距属于磨损后基本不变的尺寸，当一次冲出孔距为 $L \pm \dfrac{1}{2}\Delta$ 的两个孔时，凹模型孔中心距 L_d 按下式确定：

$$L_d = L \pm \frac{1}{8}\Delta$$

式中　D_{max}、d_{min}——落料件的最大极限尺寸和冲孔件的最小极限尺寸（mm）；

　　　D_a、D_t——落料凹模和凸模刃口的基本尺寸（mm）；

　　　d_a、d_t——冲孔凹模和凸模刃口的基本尺寸（mm）；

　　　L、L_d——冲件孔心距和凹模孔心距的基本尺寸（mm）；

　　　Δ——零件的制造公差；

　　　δ_a、δ_t——凹模和凸模刃口尺寸的制造公差；

　　　x——磨损系数，与工件精度有关。

2）凸模与凹模配作加工

这种方法适用于形状复杂或薄板料的制件。凸模与凹模配作加工就是先按零件的设计尺寸和公差加工凸模和凹模两者之一（落料时加工凹模，冲孔时加工凸模），然后以此件为基准件加工另一件，使它们之间保证一定的合理间隙。设计时，只在基准件上标注尺寸和公差，配作的另一件只标注基本尺寸和配作所保证的间隙即可，凸模和凹模的制造公差不再受间隙的限制,一般取 $\frac{1}{4}\Delta$,不必校核 $\delta_t + \delta_a \leqslant Z_{max} - Z_{min}$ 的条件。

凸模与凹模配作加工法不仅工艺比较简单,容易保证凸模和凹模的间隙,并且还可放大模具的制造公差,使制造容易。

采用配作加工法,在计算基准件(凸模或凹模)的刃口尺寸时,首先是根据凸模或凹模磨损后轮廓变化情况,正确判断出模具刃口各个尺寸在磨损过程中是变大、变小还是不变这三种情况,分别加以对待。

落料件如图 3-12(a)所示,其凹模的磨损如图 3-12(b)所示;冲孔件如图 3-13(a)所示,其凸模的磨损如图 3-13(b)所示。

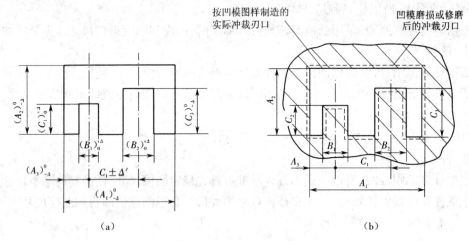

(a)   (b)

图 3-12　落料件和凹模

(a)落料件　(b)凹模

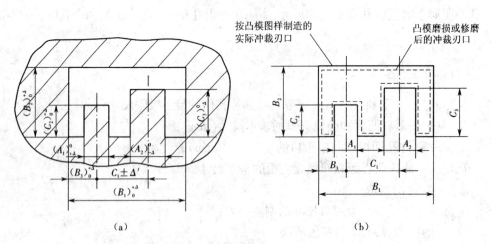

(a)   (b)

图 3-13　冲孔件和凸模

(a)冲孔件　(b)凸模

4. 凸、凹模磨损分类

根据磨损规律,凹模和凸模磨损后,在一个凹模或凸模上同时存在着三类不同磨损性质的尺寸:

第一类(A 类):凹模或凸模磨损后会增大的尺寸;

第二类(B 类):凹模或凸模磨损后会减小的尺寸;

第三类(C 类):凹模或凸模磨损后基本不变的尺寸。

1) A 类尺寸的计算公式

对于落料凹模或冲孔凸模在磨损后将会增大的 A 类尺寸,相当于简单形状的落料凹模尺寸,计算公式如下:

$$A_j = (A - x\Delta)_0^{+\Delta/4}$$

2) B 类尺寸的计算公式

对于落料凹模或冲孔凸模在磨损后将会减小的 B 类尺寸,相当于简单形状的冲孔凸模尺寸,计算公式如下:

$$B_j = (B + x\Delta)_{-\Delta/4}^0$$

3) C 类尺寸的计算公式

对于凹模或凸模在磨损后基本不变的 C 类尺寸,不必考虑磨损的影响,计算时分以下三种情况。

冲裁件尺寸标注为 $C_0^{+\Delta}$ 时:

$$C_j = (C + 0.5\Delta) \pm \frac{1}{8}\Delta$$

冲裁件尺寸标注为 $C_{-\Delta}^0$ 时:

$$C_j = (C - 0.5\Delta) \pm \frac{1}{8}\Delta$$

冲裁件尺寸标注为 $C \pm \Delta'$ 时:

$$C_j = C \pm \frac{1}{8}\Delta$$

式中　A_j、B_j、C_j——基准件的凹模或凸模的尺寸(mm);

　　　A、B、C——相应的冲裁件的基本尺寸(mm);

　　　Δ——工件的制造公差(mm);

　　　Δ'——工件的偏差(mm),对称偏差时 $\Delta = 2\Delta'$;

　　　x——磨损系数,取值同前。

3.3.5　冲裁模具零部件设计

1. 冲压模具的零件分类

从上述模具介绍可以看出,冲压模具的组成零件可以分为工艺零件和结构零件两大类。如图 3-14 所示。

1) 工艺零件

工艺零件是指直接参与完成冲压工艺过程并和坯料直接发生作用的零件。工艺零件进一步又可分为以下四种。

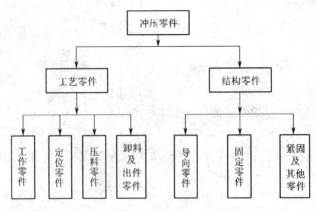

图 3-14　冲压模具的组成零件

（1）工作零件，是指实现冲压变形，使材料正确分离或塑性变形，保证冲压件形状的零件，包括凸模、凹模、凸凹模等。

（2）定位零件，是指保证条料或毛坯在模具中的正确位置的零件，包括导料板、导料销、侧压板、导正销、侧刃、挡料销等。

（3）压料零件，是指拉深工序中防止工件起皱的零件，包括压料板、压料圈等。

（4）卸料及出件零件，是指将冲裁后由于弹性恢复而卡在凹模孔内或箍在凸模上的工件或废料脱卸下来的零件。卸料零件包括卸料板、弹簧等。出件零件包括推件块、推杆、顶件块、顶杆等。

2）结构零件

结构零件是指不直接参与完成冲压工艺过程，也不和坯料直接发生作用，只对模具完成工艺过程起保证作用或对模具的功能起完善作用的零件。结构零件进一步又可分为以下三种。

（1）导向零件，是保证上模对下模正确位置和运动的零件，一般由导套和导柱组成。

（2）固定零件，是承装模具零件或将模具安装固定到压力机上的零件，如上模座、下模座、凸凹模固定板、模柄等。

（3）紧固及其他零件，如螺钉、定位销等。

注意：不是所有的冲压模具都必须具备上述零件，但是工作零件和必要的固定零件等是不可缺少的。

2．工作零件设计

冲裁模工作零件主要有凸模、凹模、凸凹模等。

1）凸模设计

Ⅰ．凸模的结构设计

Ⅰ）圆形凸模

圆形凸模已经标准化，如图 3-15 所示。图 3-15（a）为用于较小直径的凸模，图 3-15（b）为用于较大直径的凸模。这两种结构都是采用阶梯式，凸模强度和刚性较好，装配修磨方便；安装部分做成台肩，便于固定，保证工作时凸模不被拉出，适用于卸料力较大的场合。

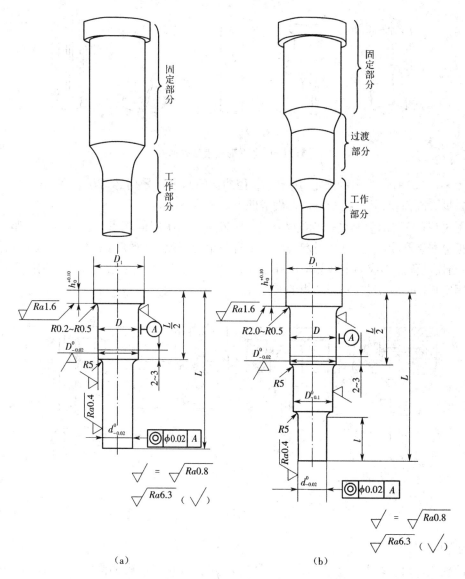

（a）　　　　　　　　　　　　　（b）

图 3-15　圆形凸模结构形式

Ⅱ）非圆形凸模

非圆形凸模按外形一般有台阶式和直通式两种。常见的非圆形凸模如图 3-16 所示,图（a）、（b）为台阶式,图（c）、（d）、（e）为直通式。

Ⅱ. 凸模的固定方法

凸模的固定方法分为台肩固定、铆接固定、螺钉和销钉固定、黏结剂浇注法固定等。

图 3-17（a）所示为台肩固定,凡是采用台阶式结构的非圆形凸模,其固定部分应尽量简化成简单形状的几何截面（圆形或矩形）。

图 3-17（b）所示为铆接固定,铆接部位的硬度较工作部分要低。

台肩固定和铆接固定应用较广泛,但不论哪一种固定方法,只要工作部分截面是非圆形的,而固定部分是圆形的,都必须在固定端接缝处加防转销。

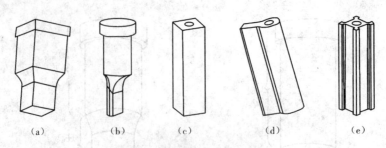

图 3-16　非圆形凸模结构形式

图 3-17(c)所示为螺钉固定,用于大直径冲裁的凸模。采用螺钉吊装在凸模固定板上,为了减少磨削面积,其外径和端面都做成凹形。

图 3-17(d)所示为黏结剂浇注法固定,黏结剂一般使用低熔点合金或环氧树脂。凸模固定板上安装凸模的孔的尺寸较凸模大,留有一定的间隙,以便充填黏结剂。为了黏结得牢靠,在凸模的固定端或固定板相应的孔上应开设一定的槽形。黏结剂浇注固定法可以简化凸模固定板的加工工艺,便于凸模的装配。

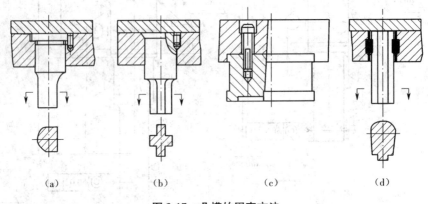

图 3-17　凸模的固定方法

Ⅲ.凸模长度的计算

凸模长度尺寸主要根据模具的具体结构来确定,并考虑凸模的修磨、固定板与卸料板之间的安全距离、装配等因素。

国家相关标准对凸模长度尺寸已系列化,设计时可优先选择标准长度,否则应进行计算。

当采用固定卸料板时,如图 3-18(a)所示,其凸模长度按下式计算:

$$L = h_1 + h_2 + h_3 + h$$

当采用弹性卸料板时,如图 3-18(b)所示,其凸模长度按下式计算:

$$L = h_1 + h_2 + t + h$$

式中　　L——凸模长度(mm);

　　　　h_1——凸模固定板厚度(mm);

　　　　h_2——卸料板厚度(mm);

　　　　h_3——导料板厚度(mm);

t——材料厚度(mm);

h——附加长度,包括凸模的修磨量、凸模进入凹模的深度、凸模固定板与卸料板之间的安全距离等,一般取 10 ~ 20 mm。

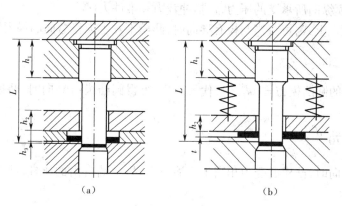

图 3-18　凸模长度计算

Ⅳ.凸模强度校核

一般情况下,可不进行凸模的强度与刚度校核。但对于特别细长的凸模或凸模的截面尺寸很小而冲裁的板料厚度较厚时,则必须进行凸模承压能力和纵向抗弯曲能力的校核。

Ⅰ)承压能力校核

凸模承压能力可按下式进行校核:

$$\sigma = \frac{F}{A} \le [\sigma]$$

式中　σ——凸模最小截面的压应力(MPa);

　　　F——凸模纵向所承受的压力,包括冲裁力和推件力(N);

　　　A——凸模最小截面面积(mm^2);

　　　$[\sigma]$——凸模材料的许用压应力(MPa),如果凸模材料采用一般工具钢,淬火硬度为

　　　　　　58 ~ 62HRC 时,取$[\sigma]$为 1 000 ~ 1 600 MPa。

对于圆形凸模,$F = \pi d t \tau$,$A = \dfrac{1}{4}\pi d^2$,代入上式可得

$$d \ge \frac{4t\tau}{[\sigma]}$$

式中　d——凸模最小直径(mm);

　　　t——板料厚度(mm);

　　　τ——板料的抗剪强度(MPa)。

Ⅱ)纵向抗弯曲能力校核

冲裁时凸模纵向抗弯能力可利用杆件受轴向压力的欧拉公式进行校核。

对于导板导向的冲裁模,凸模的受力相当于一端固定、另一端铰支的压杆,由欧拉公式可解得凸模不发生失稳弯曲的最大长度

$$L_{max} \le \sqrt{\frac{2\pi^2 EJ}{nF}}$$

式中　E——凸模材料的弹性模量（MPa），一般模具钢为 2.2×10^5 MPa；

　　　　J——凸模最小截面的惯性矩（mm^4）；

　　　　n——安全系数，淬火钢可取 $2 \sim 3$；

　　　　F——凸模纵向所承受的压力，包括冲裁力和推件力（N）。

将 E、n 值代入上式，可得当凸模有导向时，凸模不发生失稳弯曲的最大长度

$$L_{max} \leqslant 1\ 200 \sqrt{\frac{J}{F}}$$

对于有导向的圆凸模，$J = \pi d^4 / 64$，代入上式，可得圆凸模有导向时，凸模不发生失稳弯曲的最大长度

$$L_{max} \leqslant 270 \frac{d^2}{\sqrt{F}}$$

当凸模无导向时，凸模的受力相当于一端固定、另一端自由的压杆，凸模不发生失稳弯曲的最大长度

$$L_{max} \leqslant \sqrt{\frac{\pi^2 EJ}{4nF}}$$

按照上述同样的推理，可得当凸模无导向时，凸模不发生失稳弯曲的最大长度

$$L_{max} \leqslant 425 \sqrt{\frac{J}{F}}$$

对于无导向的圆凸模，凸模不发生失稳弯曲的最大长度

$$L_{max} \leqslant 95 \frac{d^2}{\sqrt{F}}$$

2）凹模设计

Ⅰ. 凹模的刃口形式

常用的凹模刃口形式有四种，如图 3-19 所示。图 3-19（a）、（b）、（c）为直筒式刃口凹模，其特点是制造方便，刃口强度高，刃磨后工作部分尺寸不变。图 3-19（a）为全直壁型孔，只适用于顶件式模具，如凹模型孔内带顶板的落料模与复合模。图 3-19（b）与图 3-19（c）所示的结构带有漏料间隙，适合下模漏料的模具结构，但是因废料（或制件）的聚集而增大了推件力和凹模的胀裂力，给凸、凹模的强度带来了不利的影响。图 3-19（b）所示的结构常用于圆形制件冲裁模中，加工制造简单；而图 3-19（c）所示的结构常用于形状复杂、精度要求较高的工件的冲裁模。图 3-19（d）所示为锥筒式刃口，凹模内不聚集材料，侧壁磨损小，但刃口强度差，刃磨后刃口径向尺寸略有增大。

凹模刃口尺寸参数的取值与冲裁的料厚有关，具体见表 3-25。

表 3-25　凹模刃口主要参数

主要参数 料厚 t/mm	β	α	h/mm
<0.5	2°	15′	≥4
>0.5~1	2°	15′	≥5
>1~2.5	2°	15′	≥6
>2.5~6	3°	30′	≥8
>6	3°	30′	—

注：表中 α、β 值仅适用钳工加工，电火花加工时 $\alpha = 20′ \sim 50′$，$\beta = 4′ \sim 20′$；带斜度装置的线切割时 $\alpha = 1° \sim 1.5°$。

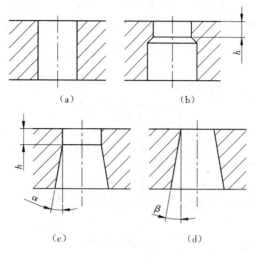

图 3-19　凹模刃口形式

Ⅱ. 凹模的结构设计

图 3-20 所示为国家相关标准规定的两种圆形凹模。带台肩的圆形凹模如图 3-20(a)所示,采用 H7/m6 压入固定板中;不带台肩的圆形凹模如图 3-20(b)所示,采用 H7/r6 压入固定板中。这两种圆形凹模尺寸都不大,直接装在凹模固定板中,主要用于中小冲裁件的冲孔。

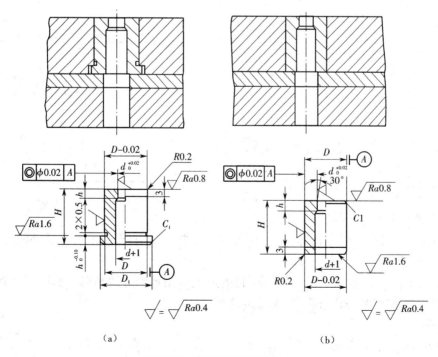

图 3-20　圆形凹模及固定方法

尺寸较大的冲压件常采用矩形凹模,如图 3-21 所示。这种凹模广泛采用销钉定位、螺钉紧固的方式与模座连接。为了保证凹模的强度和刚度,螺钉之间、螺孔与销孔之间及螺孔、销孔与凹模刃壁之间的距离不能太近,否则会影响模具的寿命。孔距的最小值可参考表 3-26。

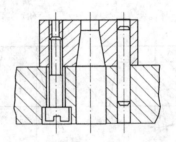

图 3-21　矩形凹模及固定方法

表 3-26　螺钉孔(或沉孔)、销钉孔之间及至刃壁的最小距离　　　　　　　　　　　　mm

简图									
螺钉孔		M4	M6	M8	M10	M12	M16	M20	M24
s_1	淬火	8	10	12	14	16	20	25	30
	不淬火	6.5	8	10	11	13	16	20	25
s_2	淬火	7	12	14	17	19	24	28	35
s_3	淬火				5				
	不淬火				3				
销钉孔 d		2	3	4	5	6	8	10	12	16	20	25
s_4	淬火	5	6	7	8	9	11	12	15	16	20	25
	不淬火	3	3.5	4	5	6	7	8	10	13	16	20

Ⅲ.凹模轮廓尺寸的确定

凹模在冲裁时不仅受冲裁力,还受侧向的挤压力,所以凹模必须具有足够的强度和刚度,以免变形或开裂。

由于冲裁时凹模受力情况比较复杂,目前还不能用理论方法精确计算凹模轮廓尺寸。在生产中,通常按经验公式来确定,如图 3-22 所示。

凹模厚度

$$H = Kb \quad (\geqslant 15 \text{ mm})$$

凹模壁厚

$$C = (1.5 \sim 2)H \quad (\geqslant 30 \text{ mm})$$

式中　b——凹模刃口的最大尺寸（mm）；

　　　K——系数，考虑板料厚度的影响，其值见表 3-27。

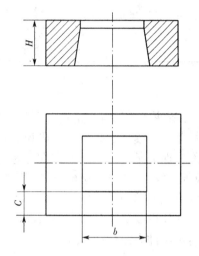

图 3-22　凹模轮廓尺寸

表 3-27　系数 K 值

b/mm ＼ 料厚 t/mm	0.5	1	2	3	>3
<50	0.3	0.35	0.42	0.5	0.6
>50~100	0.2	0.22	0.28	0.35	0.42
>100~200	0.15	0.18	0.2	0.24	0.3
>200	0.1	0.12	0.15	0.18	0.22

3）凸凹模设计

凸凹模是复合模中同时具有落料凸模和冲孔凹模作用的工作零件。凸凹模的内外缘均为刃口，为了保证强度和刚度，内外缘之间的壁厚不能太小，其取值与模具结构有关：当模具为正装结构时，内孔不积存废料，胀力小，最小壁厚可以小些；当模具为倒装结构时，若内孔为直筒形刃口形式，且采用下出料方式，则内孔积存废料，胀力大，故最小壁厚应大些。

凸凹模的最小壁厚，目前一般按经验数据来确定，倒装复合模的凸凹模最小壁厚见表 3-28。正装复合模的凸凹模最小壁厚可比倒装复合模小些。

表 3-28　倒装复合模的凸凹模最小壁厚 δ　　　　　　　　　　mm

| 简　图 | |

续表

材料厚度 t	0.4	0.6	0.8	1.0	1.2	1.4	1.6	1.8	2.0	2.2	2.5
最小壁厚 δ	1.4	1.8	2.3	2.7	3.2	3.6	4.0	4.4	4.9	5.2	5.8
材料厚度 t	2.8	3.0	3.2	3.5	3.8	4.0	4.2	4.4	4.6	4.8	5.0
最小壁厚 δ	6.4	6.7	7.1	7.6	8.1	8.5	8.8	9.1	9.4	9.7	10

3. 定位零件设计

冲模定位零件的作用是保证所冲裁的板料的正确送进及板料在模具中的正确位置。

使用条料作为冲裁材料时,条料在模具中必须保证在两个方向的定位:①在与条料送进方向垂直的方向上的定位,目的是保证条料沿正确的方向送进,通常称为送料导向,常用的零件有导料销、导料板、侧压板等;②在送料方向上的定位,用来控制条料每次送进的距离,通常称为送料定距,常用的零件有挡料销、侧刃、导正销等。

对于块料或工序件的定位,往往也要保证送料导向和送料定距,但是定位零件的结构形式与条料的有所不同,常用的定位零件有定位销、定位板等。

1)导料销

导料销是对条料或带料的侧向进行导向,以免送偏的定位零件。

导料销一般设置两个,并在位于条料的同侧,从右向左送料时,导料销装在后侧;从前向后送料时,导料销装在左侧。这种导向方式多用于单工序模和复合模中。

导料销的结构有固定式和活动式两种,如图 3-23 所示。

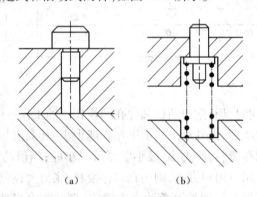

(a)　　　　　　　　　　(b)

图 3-23　导料销

(a)固定式导料销　　(b)活动式导料销

2)导料板

导料板的作用与导料销相似,导料板一般设置在条料两侧,其结构有两种:一种是国标结构,它与卸料板或导板分开制造,如图 3-24(a)所示;另一种是与卸料板制成整体结构,如图 3-24(b)所示。

为使条料顺利通过,两导料板间距离应等于条料宽度加上一个间隙值。导料板的厚度 H 取决于板料厚度 t 和挡料销的高度 h,具体见表 3-29。

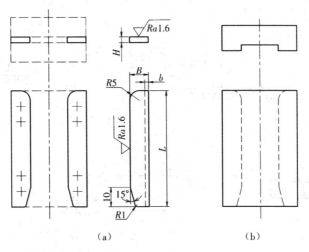

图 3-24　导料板

表 3-29　导料板的高度　　　　　　　　　　　　　　　　mm

材料厚度 t	挡料销厚度 h	导料板高度 H	
		固定挡料销	自动挡料销或侧刃
0.3 ~ 2	3	6 ~ 8	4 ~ 8
2 ~ 3	4	8 ~ 10	6 ~ 8
3 ~ 4	4	10 ~ 12	6 ~ 10
4 ~ 6	5	12 ~ 15	8 ~ 10
6 ~ 10	8	15 ~ 25	10 ~ 15

如果只在条料一侧设置导料板,其位置与导料销相同。

3)侧压装置

如果条料的宽度公差较大,为避免条料在导料板中偏摆和保证最小搭边,应在送料方向的一侧设置侧压装置。侧压装置的作用就是迫使条料始终紧靠另一侧导料板送进。

侧压装置的形式如图 3-25 所示。图 3-25(a)为簧片压块式侧压装置,其侧压力较小,适用于料厚为 0.3 ~ 1 mm 的薄板冲裁;图 3-25(b)为弹簧压块式侧压装置,其侧压力较大,适用于较厚板料的冲裁,一般设置 2 ~ 3 个;图 3-25(c)为板式侧压装置,其侧压力大且均匀,一般装于模具进料一端,适用于有侧刃定距和有挡料装置的级进模中。

当冲裁板料厚度在 0.3 mm 以下的薄板时,不宜采用侧压装置。

4)挡料销

挡料销的作用是挡住搭边或冲压件轮廓,以限定条料送进距离。根据工作特点及作用,挡料销可分为固定挡料销、活动挡料销和始用挡料销三种。

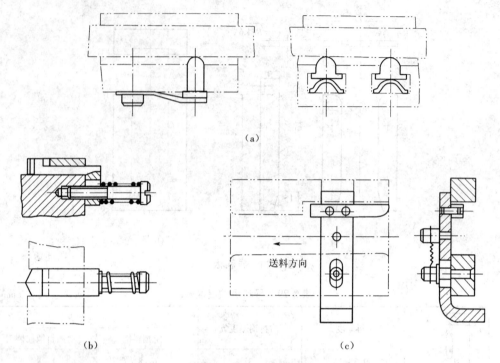

图 3-25　侧压装置

Ⅰ.固定挡料销

固定挡料销的标准结构如图 3-26 所示。图 3-26(a)、(b)所示 A 型和 B 型圆头挡料销,结构简单,制造容易,广泛用于冲制中小型冲裁件的挡料定距,但是销孔离凹模刃壁较近,削弱了凹模的强度。图 3-26(c)所示钩形挡料销,不会削弱凹模强度。但为了防止 B 型圆头挡料销和钩形挡料销在使用过程发生转动,需考虑采用防转措施。

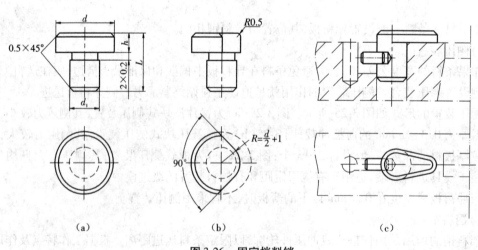

图 3-26　固定挡料销

Ⅱ.活动挡料销

活动挡料销的常见结构如图 3-27 所示。图 3-27(a)所示弹簧弹顶挡料销,通常装在弹压卸料板上,冲压前起挡料作用,冲压时被压入卸料板孔内,上模回程时由弹簧复位。图

3-27(b)所示回带式活动挡料销,通常装在固定卸料板上,其销头对着送料方向带有斜面,送料时条料搭边碰撞斜面使挡料销抬起,然后挡料销借弹簧片的压力插入废料孔内,当搭边越过后,弹簧使挡料销复位,将条料后拉,使搭边抵住挡料销而定位。

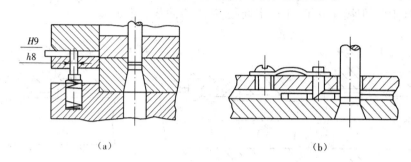

（a）　　　　　　　　　　　　　　（b）

图 3-27　活动挡料销

Ⅲ. 始用挡料销

　　始用挡料销一般用于以导料板送料导向的级进模和单工序模中。采用始用挡料销,可以提高材料利用率。始用挡料销的标准结构如图 3-28 所示。

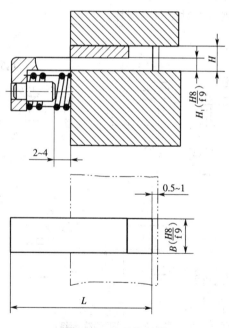

图 3-28　始用挡料销

5)侧刃

　　在级进模中,为了限定条料送进距离,在条料侧边冲切出一定尺寸缺口的凸模,称为侧刃。侧刃定距的原理是在条料侧边冲去一个狭条,狭条长度等于步距,以此作为送料时的定距。侧刃定距准确可靠、精度高,但是材料利用率较低。一般用于薄料、定距精度和生产效率要求高的情况。

　　常见的侧刃种类如图 3-29 所示。图 3-29(a)所示长方形侧刃,结构简单,制造容易,但当刃口尖角磨损后,在条料侧边形成的毛刺会影响定位和送进。图 3-29(b)所示成型侧刃,当刃口尖角磨损后,产生的毛刺位于条料侧边凹进处,不会影响定位和送进,但制造困难,冲裁废料较多。图3-29(c)所示尖角形侧刃,与弹簧挡销配合使用,送料时侧刃先切出一缺口,条料送进时当缺口直边滑过挡销后,把条料往后拉,用挡销后端卡住缺口而定距;尖角形侧刃材料消耗少,但操作麻烦、生产率低,通常用于冲裁贵重金属。

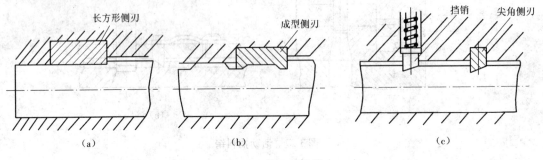

图3-29　侧刃的种类

国家相关标准中的侧刃结构如图3-30所示,Ⅰ型侧刃的工作端面为平面,Ⅱ型侧刃的工作端面为台阶面。Ⅱ型侧刃多用于冲裁1 mm以上较厚的材料,冲裁前侧刃的凸出部分先进入凹模导向,可避免侧压力对侧刃的损坏。

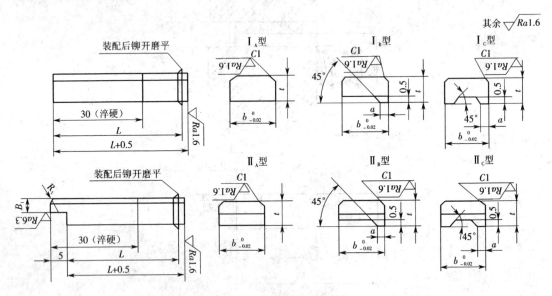

图3-30　侧刃的标准结构

侧刃的数量可以是一个,也可以是两个。两个侧刃可以并列布置,也可按对角布置,对角布置能够保证料尾的充分利用。

侧刃相当于一种特殊的凸模,按照与凸模相同的固定方式固定在凸模固定板上,长度与凸模长度基本相同。侧刃断面的主要尺寸是宽度b,其数值原则上等于送料步距,但对于长方形侧刃和侧刃与导正销兼用时,宽度b按照下式确定:

$$b = \left[S + (0.05 \sim 0.1) \right]_{-\delta_c}^{0}$$

式中　　b——侧刃宽度(mm);

S——送料步距(mm);

δ_c——侧刃宽度制造公差,可取 h6。

侧刃其他尺寸可参考标准确定。

6) 导正销

导正销主要用于级进模,以获得内孔与外缘相对位置准确的冲裁件或保证坯料的准确定位。导正销装在落料凸模上,在落料前先插入已冲好的孔中,使孔与外缘相对位置对准,然后落料,消除了送料和导向造成的误差,起精确定位作用;也可以装在凸模固定板上,与工艺孔配合,起精确定位作用。导正销通常与挡料销配合使用,也可以与侧刃配合使用。为了使导正销工作可靠,避免折断,导正销的直径不应太小,一般应大于 2 mm。

导正销的标准结构形式如图 3-31 所示,选用时主要根据孔的尺寸而定。

A 型导正销用于导正 $d = 2 \sim 12$ mm 的孔,材料用 T10A,热处理硬度为 50 ~ 54HRC,圆柱面高度 h 在设计时一般可取 $(0.8 \sim 1.2)t$。

B 型导正销用于导正 $d < 10$ mm 的孔,材料用 9Mn2V 或 Cr12,热处理硬度为 52 ~ 56HRC,可用于级进模上对条料的工艺孔或工件孔的导正。这种导正销采用弹簧压紧结构,当送料不正确时,可以避免损坏导正销和模具。

C 型导正销用于导正 $d = 4 \sim 12$ mm 的孔,使用的材料同 B 型导正销。该结构采用台肩螺母固定,拆装方便,模具刃磨后导正销长度可作相应调节。

D 型导正销用于导正 $d = 12 \sim 50$ mm 的孔,使用材料同 B 型导正销。

导正销的头部由导入和导正两部分组成,导入部分一般用圆弧或圆锥过渡,导正部分为圆柱面。考虑到冲孔后孔径因弹性收缩而变小,导正销的直径应比冲孔凸模的直径小,具体数值见表 3-30。

表 3-30　导正销与冲孔凸模的直径差值　　　　　　　mm

材料厚度 t	冲孔凸模直径						
	1.5 ~ 6	>6 ~ 10	>10 ~ 16	>16 ~ 24	>24 ~ 32	>32 ~ 42	>42 ~ 60
<1.5	0.04	0.06	0.06	0.08	0.09	0.10	0.12
1.5 ~ 3	0.05	0.07	0.08	0.10	0.12	0.14	0.16
>3 ~ 5	0.06	0.08	0.10	0.12	0.16	0.18	0.20

级进模采用挡料销与导正销定位时,挡料销只起预定位作用,而最终靠导正销将条料导正到精确的位置。所以,挡料销的安装位置应保证导正销在导正条料的过程中使条料有活动的可能。挡料销与导正销之间的位置关系如图 3-32 所示。

当以图 3-32(a)方式定位时,挡料销的位置为

$$e = S - \frac{D}{2} + \frac{d}{2} + 0.1$$

当以图 3-32(b)方式定位时,挡料销的位置为

$$e = S + \frac{D}{2} - \frac{d}{2} - 0.1$$

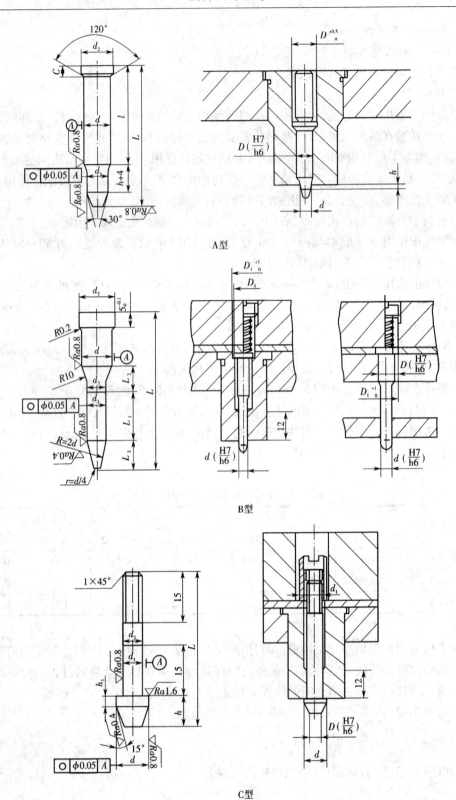

A型

B型

C型

图 3-31　导正销

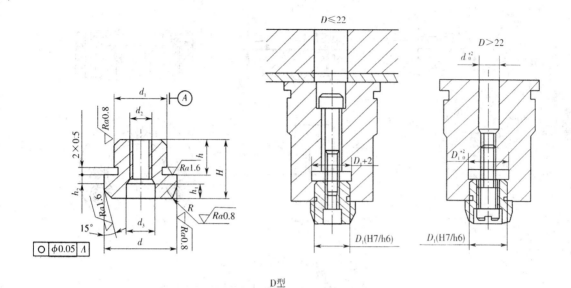

图 3-31　导正销

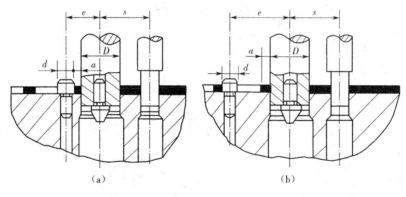

图 3-32　挡料销与导正销的位置关系

7)定位板和定位销

在模具上加工单个坯料或工序件时,通常采用定位板和定位销定位,定位方式有外缘定位和内孔定位两种。

外缘定位时采用的定位板和定位销如图 3-33 所示。图 3-33(a)为矩形毛坯或工序件定位用;图 3-33(b)为圆形毛坯或工序件定位用;图 3-33(c)为采用定位销对矩形毛坯或工序件定位。

内孔定位时采用的定位板和定位销如图 3-34 所示。图 3-34(a)为矩形毛坯或工序件内孔直径 $D < 10$ mm 用的定位销;图 3-34(b)为矩形毛坯或工序件内孔直径 $D = 10 \sim 30$ mm 用的定位销;图 3-34(c)为矩形毛坯或工序件内孔直径 $D > 30$ mm 用的定位板;图 3-34(d)为大型非圆孔用的定位板。

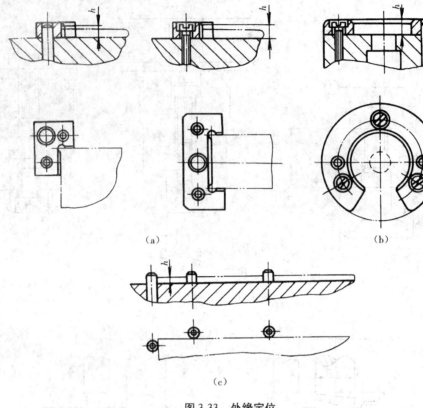

（a）　　　　　　　　　　　　　　　　（b）

（c）

图 3-33　外缘定位

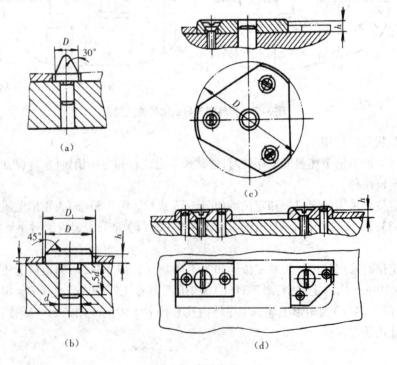

（a）

（b）　　　　　　　　　　　　　　　（d）

图 3-34　内孔定位

设计时,定位板或定位销与工序件之间的配合一般可取 H9/h8,定位板厚度或定位销高度可按表 3-31 选用。

表 3-31　定位板厚度或定位销高度　　　　　　　　　　　　　　　　mm

材料厚度 t	< 1	1 ~ 3	> 3 ~ 5
定位板厚度或定位销高度 h	$t + 2$	$t + 1$	t

4. 卸料装置和出件装置设计

Ⅰ. 卸料装置设计

卸料装置的作用是将卡在凸模上的冲件或废料卸下。按结构的不同,常用的卸料装置分为刚性卸料装置、弹压卸料装置和废料切刀三种。

1) 刚性卸料装置

刚性卸料装置的常见结构形式如图 3-35 所示。图 3-35(a) 为封闭式,广泛用于冲裁板料较厚、平直度要求不很高的零件;图 3-35(b) 为悬臂式,主要用于窄而长零件的冲孔和切口。

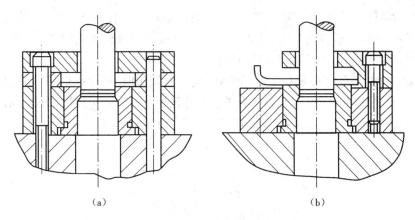

（a）　　　　　　　　　　　（b）

图 3-35　刚性卸料装置

刚性卸料装置一般安装在下模上,其结构简单、卸料力大、卸料可靠。但是板料处于无压料状态,如果板料较薄,冲制出来的零件有明显的翘曲现象,所以刚性卸料装置常用于厚板、平直度要求不很高,且卸料力较大的制件冲压。

采用刚性卸料装置时,当卸料板仅起卸料作用时,卸料板与凸模的单边间隙一般取 0.2 ~ 0.5 mm,板料薄时取小值,板料厚时取大值;当固定卸料板兼起导板作用时,卸料板与凸模之间一般按 H7/h6 配合制造,但卸料板与凸模之间间隙应小于凸、凹模之间的冲裁间隙,以保证凸、凹模的正确配合。

Ⅱ. 弹压卸料装置

弹压卸料装置的常见结构形式如图 3-36 所示。弹压卸料装置由卸料板、弹性元件(弹簧或橡胶)、卸料螺钉等零件组成。图 3-36(a) 的弹压卸料装置,用于简单冲裁模;图 3-36 (b) 是以导料板为送进导向的冲模中使用的弹压卸料装置,图 3-36(c) 是倒装式模具中常用的弹压卸料装置。

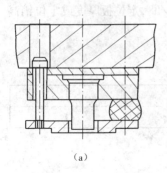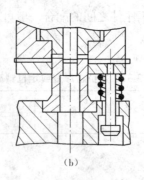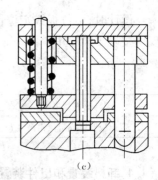

（a）　　　　　　　　　　　（b）　　　　　　　　　　　（c）

图 3-36　弹压卸料装置

　　设计时，弹压卸料板与凸模之间应有合适的间隙，当弹压卸料板无精确导向时，它与凸模之间的单边间隙可取 0.05 ~ 0.15 mm；当卸料板起导向作用时，卸料板与凸模按 H7/h6 配合制造，但其间隙应比凸、凹模间隙小，此时凸模与固定板以 H7/h6 或 H8/h7 配合。此外，为了确保卸料可靠，在模具开启状态，卸料板应高出模具工作零件刃口 0.3 ~ 0.5 mm。

　　Ⅲ. 废料切刀

　　一些单工序模或复合模对块料加工中，块料较大时，如果采用卸料装置进行卸料，则模具成本过高，并且效果不是很理想。此时，可以采用废料切刀代替卸料装置，即用废料切刀将废料切开而卸料，一般设两个废料切刀。冲件形状复杂的冲模可以用多个废料切刀，甚至可以用弹压卸料装置配合废料切刀进行卸料。

　　废料切刀的工作原理如图 3-37 所示，当凹模向下切边时，同时把已切下的废料压向废料切刀上，从而将其切开。对于冲裁形状简单的冲裁模，一般设两个废料切刀；对于冲件形状复杂的冲裁模，可以用弹压卸料装置加废料切刀进行卸料。

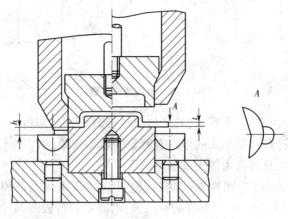

图 3-37　废料切刀工作原理

　　图 3-38 所示为国家相关标准中的废料切刀的结构。图 3-38（a）所示圆形废料切刀，用于小型模具和薄板冲压的卸料中；图 3-38（b）所示方形废料切刀，用于大型模具和厚板冲压的卸料中。设计时，废料切刀的刃口长度应该比废料宽度大，刃口比凸模或凸凹模刃口低，其高度相差为板料厚度的 2.5 ~ 4 倍，并且不小于 2 mm。

　　2）出件装置设计

　　出件装置的作用是将卡在凹模中的冲件或废料推出或顶出。向下推出的采用推件装

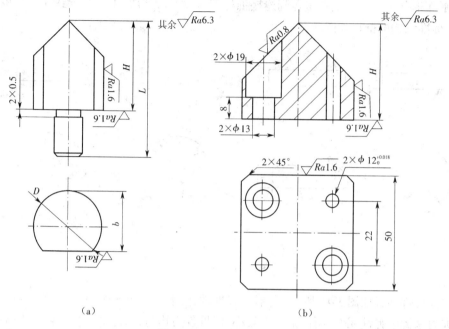

（a）　　　　　（b）

图 3-38　废料切刀的结构

置,一般装在上模内;向上顶出的采用顶件装置,一般装在下模内。

Ⅰ.推件装置

推件装置有刚性推件装置和弹性推件装置两种。

刚性推件装置由打杆、推板、连接推杆和推件块组成,如图 3-39 所示。其工作原理是在冲压结束后上模回程时,利用压力机滑块上的打料杆,撞击上模内的打杆与推件块,将凹模内的工件推出,其推件力大、工作可靠。

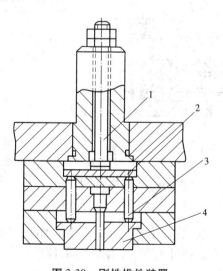

图 3-39　刚性推件装置

1—打杆;2—推板;3—推杆;4—推件块

刚性推件装置中的连接推杆需要 2~4 根,且分布均匀、长短一致。推板要有足够的刚度,其平面形状尺寸只要能够覆盖到连接推杆即可,如果设计得太大会导致安装推板的孔也太大。标准结构的推板如图 3-40 所示。

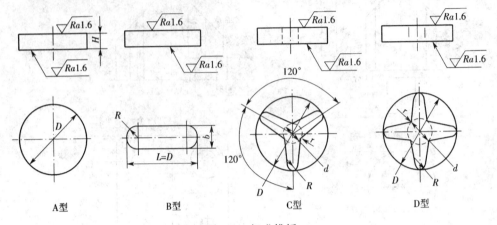

图 3-40　标准推板

弹性推件装置如图 3-41 所示,它不仅起推件作用,还兼起压料作用。由于弹性推件装置的弹力来源于弹性元件,所以推件力较小,但推件力均匀,出件平稳且无撞击,冲件质量较高,多用于冲压薄板大件以及工件平整度要求较高的模具。

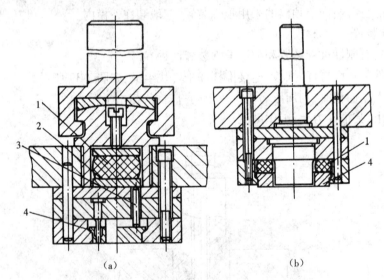

图 3-41　弹性推件装置
1—橡胶;2—推板;3—连接推杆;4—推件块

Ⅱ. 顶件装置

顶件装置由顶杆、顶件块和装在下模底下的弹顶器组成,如图 3-42 所示。这种结构的顶件力可以通过调节弹顶器的螺母来调节,工作可靠,冲件平直度较高。弹顶器可以做成通用的,其弹性元件是弹簧或橡胶,大型模具也可以采用压力机本身的气垫作为弹顶器。装配时,推(顶)件块在自由状态下应超出凹模端面 0.2 ~ 0.5 mm。

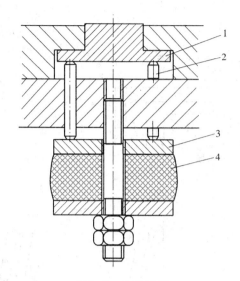

图 3-42　顶件装置
1—顶件块;2—顶杆;3—托板;4—橡胶

5. 弹簧和橡胶的选用

1) 弹簧的选用与计算

在冲模的卸料装置和出件装置中使用的弹簧,通常是圆钢丝螺旋压缩弹簧。

设计模具时,弹簧一般按照标准选用,选用步骤如下。

(1) 根据模具结构空间大小,初步确定弹簧数目 n(一般选 2 ~ 4 个)。

(2) 根据总卸料力 F_x 和初选的弹簧数目 n,计算出每个弹簧在预压缩状态时的预压力:

$$F_0 = \frac{F_x}{n}$$

为了使卸料力足够,最终确定的弹簧预压力 F_0 应比计算结果大。

(3) 根据弹簧预压力 F_0,按照标准弹簧表选择弹簧规格,使所选弹簧的允许最大工作载荷 $[F]$ 大于预压力 F_0,一般取 $[F] = (1.5 ~ 2)F_0$。

(4) 根据弹簧压力与其压缩量成正比的特性(图 3-43),可按下式求得弹簧的预压缩量

$$h_0 = \frac{F_0}{[F]}[h]$$

式中　F_0——弹簧的预压力(N);

　　　$[h]$——弹簧的允许最大压缩量(mm),可查标准弹簧表确定;

　　　$[F]$——弹簧的允许最大工作负荷(N)。

(5) 根据弹簧工作时的总压缩量 h 不应超过弹簧的允许最大压缩量 $[h]$,检查所选弹簧是否合适,即应满足下式:

$$[h] \geqslant h = h_0 + h_g + h_m$$

式中　$[h]$——弹簧的允许最大压缩量(mm);

　　　h_0——弹簧的预压缩量(mm);

　　　h_g——卸料板的工作行程(mm),一般取 $h_g = t + 1$,t 为材料厚度;

　　　h_m——凸模的总修磨量,一般取 4 ~ 10 mm。

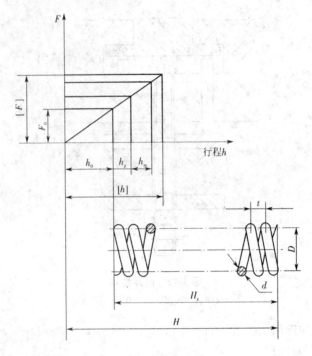

图 3-43　弹簧特性曲线

如果不能满足上式,说明所选弹簧不合适,应重新选择弹簧规格,直到满足为止。

(6)确定弹簧安装高度,即

$$H_z = H - h_0$$

式中　　H_z——弹簧安装高度(mm);

　　　　H——弹簧自由高度(mm)。

2)橡胶的选用与计算

以橡胶作为弹性元件,具有承受负荷大、安装调整方便等优点,因而当模具的工作行程较小时,广泛使用橡胶作弹性元件。选用橡胶的步骤如下。

(1)根据模具的结构确定橡胶的形状。常见的橡胶形状有矩形、圆筒形和圆柱形,卸料所用的橡胶一般与弹压卸料板形状相同。

(2)计算橡胶的横截面面积:

$$A = \frac{F}{p}$$

式中　　A——橡胶的横截面面积(mm^2);

　　　　F——橡胶所能产生的压力(N),为了满足卸料力的要求,其取值在设计时应大于或等于所需的卸料力;

　　　　p——橡胶的单位压力(MPa),与橡胶垫的压缩量、形状及尺寸大小有关,可按表3-32或图3-44所示的橡胶压缩特性曲线来选取。

表 3-32　橡胶压缩量与单位压力

压缩量/%	10	15	20	25	30	35
单位压力 p/MPa	0.26	0.50	0.74	1.06	1.52	2.10

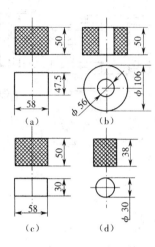 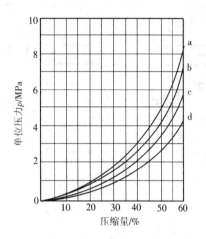

图 3-44　橡胶压缩特性曲线

(a)、(c)矩形　(b)圆筒形　(d)圆柱形

(3)根据橡胶的形状和横截面面积,确定橡胶的截面尺寸。设计时应先确定穿过凸模、卸料螺钉等所需孔的形状和尺寸,再用上一步计算所得的横截面面积,计算出橡胶的截面外形尺寸。

(4)确定橡胶的自由高度 H。为了使橡胶不因多次压缩而损坏,所选橡胶必须满足压缩量的要求,即

$$[h] \geqslant h_0 + h_g + h_m$$

式中　$[h]$——橡胶的允许最大压缩量(mm),一般取$[h]$为橡胶自由高度 H 的 35% ~45%;

　　　h_0——橡胶的预压缩量(mm),一般可取 h_0 为橡胶自由高度 H 的 10% ~15%;

　　　h_g——卸料板的工作行程(mm),一般取 $h_g = t + 1$,t 为材料厚度;

　　　h_m——凸模的总修磨量,一般取 4 ~10 mm。

将$[h]$和 h_0 与橡胶自由高度 H 的关系代入上式,则得

$$H = (h_g + h_m)/(0.25 \sim 0.30) \approx (3.3 \sim 4)(h_g + h_m)$$

(5)校核橡胶的自由高度 H。橡胶的自由高度 H 与其直径 D 之比应满足下式:

$$0.5 \leqslant \frac{H}{D} \leqslant 1.5$$

如果超过 1.5,则应将橡胶分成若干层后,再在其间垫以钢垫圈;如果小于 0.5,则应重新确定其高度。

6. 模架设计

常用的模架是由上模座、下模座、导柱、导套四部分组成的导柱模架。模架及其组成零件现已标准化,可根据模具要求按国标规定的技术条件直接选用。

根据导柱与导套配合性质的不同,模架可分为滑动导向模架和滚动导向模架两种。

1)滑动导向模架

滑动导向模架的导柱、导套结构简单,加工、装配方便,应用非常广泛。滑动导向模架的结构形式依据导柱安装位置的不同分为四种,如图 3-45 所示。

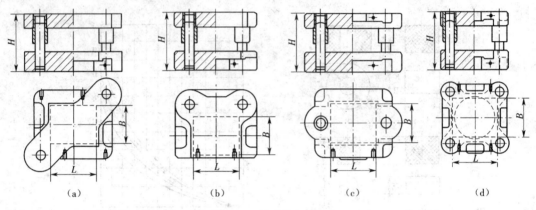

图 3-45 滑动导向模架

图 3-45(a)为对角导柱模架,它的两个导柱、导套位于模具的对角线上,冲裁时受力均衡,不易引起模具偏斜,并且能实现纵向和横向送料,常用于一般精度的冲裁模和级进模;图 3-45(b)为后侧导柱模架,它的两个导柱、导套位于模具的后侧,能实现纵向和横向送料,操作方便,但由于导柱、导套偏置,如果有偏心载荷,易引起模具偏斜,从而影响模具寿命,所以常用于冲裁一般精度、冲件较小的模具,不宜用于大型模具;图 3-45(c)为中间导柱模架,它的两个导柱、导套位于模具的左右对称线上,冲裁时受力均衡、导向精度较高,但只能沿前后单方向送料,常用于复合模;图 3-45(d)为四角导柱模架,它具有四个沿四角分布的导柱、导套,冲裁时受力均衡、导向精度高,并且模具刚性好,适用于大型模具。

2)滚动导向模架

滚动导向模架在导套内镶有成行的滚珠,导柱通过滚珠与导套实现微量过盈配合(过盈量一般为 0.01 ~ 0.02 mm)。导柱、导套间的导向通过滚珠的滚动摩擦实现。从而使导向精度高、运动平稳、使用寿命长,主要用于高精度、高寿命的硬质合金模、薄材料的冲裁模以及高速精密级进模。

滚珠导向装置及其组成零件均已标准化。滚珠导向装置及钢球保持器如图 3-46 所示。

3)模座

模座一般分为上模座和下模座,其形状基本相似,作用是直接或间接地安装冲模的所有零件,分别与压力机滑块和工作台连接,以传递压力。在选用和设计模座时应注意以下几点。

(1)尽量选用标准模架,而标准模架的形式和规格就决定了上、下模座的形式和规格。如果自行设计模座,对于圆形模座,直径应比凹模板直径大 30 ~ 70 mm;对于矩形模座的长度应比凹模板长度大 40 ~ 70 mm,宽度可以略大于或等于凹模板的宽度。模座的厚度可参照标准模座确定,一般为凹模板厚度的 1.0 ~ 1.5 倍,以保证有足够的强度和刚度。

(2)模座必须与所选压力机的工作台和滑块的有关尺寸相适应。下模座的最小轮廓尺

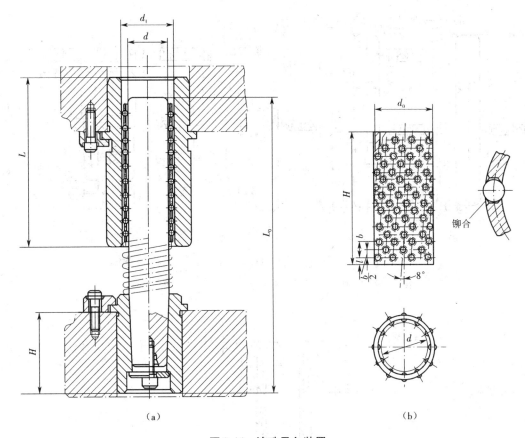

（a）　　　　　　　　　　　　　　　　（b）

图 3-46　滚珠导向装置

寸应比压力机工作台上漏料孔的尺寸每边至少大 40 ~ 50 mm。

（3）模座材料一般选用 HT200、HT250，也可选用 Q235、Q255 结构钢，对于大型精密模具的模座选用铸钢 ZG35、ZG45。

（4）模座的上、下表面的平行度应达到要求，平行度公差一般为 4 级。

（5）上、下模座的导套、导柱安装孔中心距必须一致，精度一般要求在 ± 0.02 mm 以下；模座的导柱、导套安装孔的轴线应与模座的上、下平面垂直，安装滑动式导柱和导套时，垂直度公差一般为 4 级。

（6）模座的上、下表面粗糙度为 $Ra0.8$ ~ 1.6 μm，在保证平行度的前提下，可允许降低为 $Ra1.6$ ~ 3.2 μm。

4）导柱和导套

导柱和导套的作用是保证上模相对于下模的正确运动。标准的导柱和导套结构如图 3-47 所示。

为了正常使用和保证导向精度，必须注意导柱和导套的装配环节。如图 3-48 所示，当模具处于闭合位置时，导柱上端面与上模座的上平面之间应留 10 ~ 15 mm 距离，以保证凸、凹模经多次刃磨而使模具闭合高度减小后，导柱仍能正常工作；导柱下端面与下模座的下平面之间应留 2 ~ 3 mm 距离，以保证模具在压力机工作台上的安装固定；导套上端面与上模座的上平面之间的距离应大于 2 mm，同时在上模座上开横槽，以便排气。

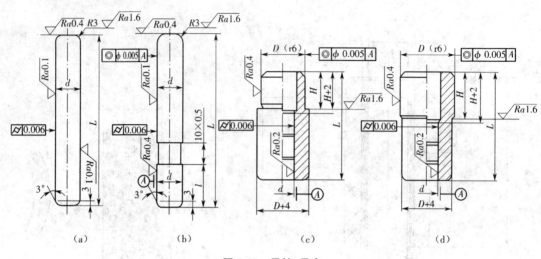

图 3-47　导柱、导套

(a)A 型导柱　(b) B 型导柱　(c) A 型导套　(d)B 型导套

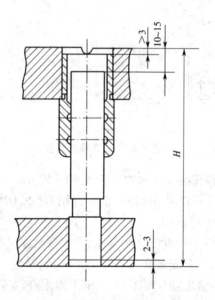

图 3-48　导柱与导套的安装

H—模具闭合高度

导柱和导套一般按 H7/r6 配合分别压入下模座和上模座的安装孔中,导柱与导套之间采用 H7/h6 或 H6/h5 的间隙配合,但其配合间隙必须小于冲裁间隙。

导柱和导套一般选用 20 钢制造。为了增加表面硬度和耐磨性,应进行表面渗碳处理,渗碳后的淬火硬度为 58 ~ 62HRC。

7. 连接与固定零件设计

冲压模具的连接与固定零件有模柄、固定板、垫板、螺钉、销钉等。这些零件大多有标准,设计时可按标准选用。

1）模柄

中小型模具一般是通过模柄将上模固定在压力机滑块上。模柄是上模与压力机滑块连接的零件,所以要与压力机滑块上的模柄孔正确配合,安装可靠。标准的模柄结构形式如图3-49所示。

图3-49（a）所示压入式模柄,与模座孔采用过渡配合 H7/m6,并加销钉防止转动。这种模柄可较好地保证轴线与上模座的垂直度,适用于各种中小型冲模,生产中最常见。

图3-49（b）所示旋入式模柄,通过螺纹与上模座连接,并加螺钉防止模柄转动。这种模柄拆装方便,但模柄轴线与上模座的垂直度较差,主要应用于中小型模具。

图3-49（c）所示凸缘模柄,用3～4个螺钉紧固于上模座,凸缘模柄与上模座的沉孔采用 H7/js6 过渡配合,主要应用于大型的模具或上模座中开设推板孔的中小型模具。

图3-49（d）所示槽形模柄和图3-49（e）所示通用模柄均用于直接固定凸模,优点是凸模更换方便,主要用于简单模和弯曲模中。

图3-49（f）所示浮动模柄,主要特点是压力机的压力通过凹球面模柄和凸球面垫块传递到上模,以消除压力机导向误差对模具导向精度的影响,主要应用于硬质合金模等精密导柱模。

图3-49（g）所示推入式活动模柄,也是一种浮动模柄,模柄接头1与活动模柄3之间加一个凹球面垫块2,使模柄与上模座采用浮动联结,避免了压力机滑块由于导向精度不高对模具导向装置的不利影响,主要应用于精密模具。

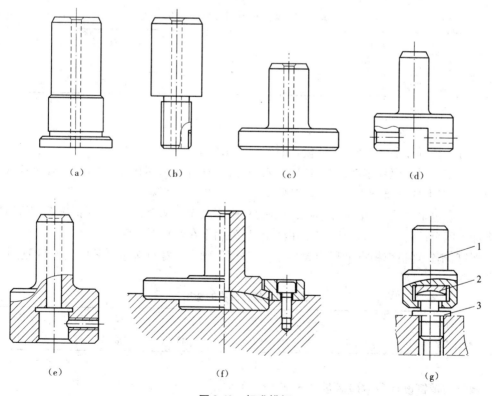

图 3-49　标准模柄

2)固定板和垫板

Ⅰ.固定板

固定板的作用是将凸模或凹模安装在上模座或下模座上。固定板分为圆形固定板和矩形固定板两种。

凸模固定板的厚度一般取凹模厚度的 3/5 ~ 4/5,其平面尺寸可与凹模、卸料板外形尺寸相同,但还应考虑紧固螺钉及销钉的位置。固定板的凸模安装孔与凸模采用过渡配合 H7/m6、H7/n6,压装后将凸模端面与固定板一起磨平。固定板材料一般采用 Q235 或 45 钢。

Ⅱ.垫板

垫板的作用是直接承受凸模的压力,以降低模座所承受的单位压力。当模座有被局部压陷的可能时,必须使用垫板。是否需要使用垫板,一般通过校核来确定。

$$p = \frac{F'}{A}$$

式中　p——凸模头部端面对模座的单位压应力(MPa);

　　　F'——凸模纵向所承受的压力,包括冲裁力和推件力(N);

　　　A——凸模头部端面支承面积(mm^2)。

模座材料的许用压应力见表 3-33。如果凸模头部端面上的单位压应力 p 大于模座材料的许用压应力时,就需要加垫板;反之,则不需要加垫板。

表 3-33　模座材料的许用压应力　　　　　　　　　　MPa

模座材料	$[\sigma]$
铸铁 HT250	90 ~ 140
铸钢 ZG310 – 570	110 ~ 150

Ⅲ.螺钉与销钉

螺钉和销钉都是标准件,设计模具时按标准选用即可。

螺钉用于固定模具零件,一般选用内六角螺钉,这种螺钉紧固牢靠,并且螺钉头埋在模板内,不占有模具空间,模具外形也美观。

销钉起定位作用,常用圆柱销钉,每副模具中不能少于两个,为防止磨损失效,新模具往往会加工四个销钉孔,而装配时仅使用两个,另外两个在修模时使用。

螺钉、销钉规格应根据冲压力大小、凹模厚度等确定。螺钉规格可参照表 3-34 选用。

表 3-34　螺钉规格的选用　　　　　　　　　　mm

凹模厚度	≤13	>13 ~ 19	>19 ~ 25	>25 ~ 32	>32
螺钉规格	M4,M5	M5,M6	M6,M8	M8,M10	M10,M12

螺钉与销钉设计参数应满足图 3-50 所示的要求。

8. 模具的闭合高度

模具的闭合高度是指滑块在下止点即模具在最低工作位置时,模具上模座顶面到下模

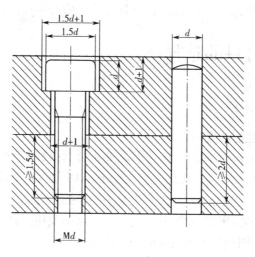

图 3-50　螺钉与销钉的设计参数

座底面之间的距离。模具的闭合高度必须与压力机的闭合高度相适应。

压力机的闭合高度是指滑块在下止点位置时,滑块下端面到工作台上表面的距离。压力机的闭合高度减去垫板厚度的差值,称为压力机的装模高度。没有垫板的压力机,其装模高度与闭合高度相等。

选择压力机时,最好使模具的闭合高度介于压力机的最大装模高度与最小装模高度之间,如图 3-51 所示,一般应满足:

$$(H_{min} - H_1) + 10 \leqslant H \leqslant (H_{max} - H_1) - 5$$

式中　H——模具的闭合高度(mm);

　　　H_{max}——压力机的最大闭合高度(mm);

　　　H_{min}——压力机的最小闭合高度(mm);

　　　H_1——压力机工作垫板厚度(mm)。

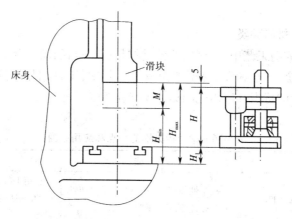

图 3-51　模具与压力机的相关尺寸

模具的其他外形结构尺寸也必须与压力机相适应,如外形轮廓平面尺寸与压力机的滑块底面尺寸和工作台面尺寸、模柄与滑块的模柄孔尺寸、下模座下弹顶器的平面尺寸与压力机工作台漏料孔尺寸等都必须适应,以便使模具能够正确安装和正常使用。

3.4 冲裁模具材料的选择

3.4.1 冲裁模具材料

1. 对冲裁模具材料性能的要求

冲裁模具用于各种板料的冲切成型,按其功能可分为落料模、冲孔模和切边模等。冲裁模的工作部分是刃口,工作时刃口部位受到弯曲和剪切力的作用,同时也承受冲击力的作用。由于上述原因,致使板料与刃口部位产生强烈的摩擦。

冲裁模的正常失效形式主要是磨损,经过一段时间的使用,刃口会逐渐变得圆钝。当磨损到一定程度时,冲裁件则产生毛刺而影响制件质量。

基于上述分析,冲裁模具材料的主要性能要求:应满足高硬度和高耐磨性,应具有足够的抗压和抗弯强度,同时应具有适当的韧性。由于被冲裁板料的厚度不同,其性能要求也有所差异。对于冲制板厚小于或等于 1.5 mm 为主的薄板冲裁模,其性能要求是高耐磨性和高精度;对于冲制板厚大于 1.5 mm 为主的厚板冲裁模,其性能要求除需要高耐磨性以外,还必须具有良好的强韧性。

模具的性能要求还和模具本身的功能有关,不同的功能有不同的性能要求,表3-35 列出了不同的功能下对冲裁模的硬度要求。

表 3-35　冲裁模中凸、凹模的硬度(HRC)

名称	单式、复式硅钢片冲模	级进式硅钢片冲模	薄钢板冲模	厚钢板冲模	修边模	剪刀	直径小于 5 mm 的小冲头
凸模	58~62	56~60	58~60	56~58	50~55	52~56	54~58
凹模	58~62	57~61	58~60	56~58	50~55	—	—

2. 常用冲压模具材料种类

目前,在冷冲压成型工艺中,常使用的模具材料有工具钢、硬质合金、高速工具钢、铸铁、锌基合金、低熔点合金、环氧树脂、聚氨酯橡胶等。其中,工具钢是模具工作零件的主要材料。几种常用模具钢的特点和应用范围见表 3-36。

表 3-36　常用模具钢的特点和应用范围

材　料		性　能	应　用
碳素工具钢、热轧钢板	T8A、T10A	加工性能好、价格便宜,但淬透性和热硬性差,热处理变形大	适用于制造工作负荷不大、形状简单的凸、凹模和要求耐磨的其他模具零件
低合金工具钢	CrWMn、9SiCr、GCr15、9Mn2V	具有高淬透性,热处理变形小,有较高的硬度和耐磨性	适用于制造形状复杂的中小型冲裁模和弯曲模的工作零件

续表

材　料		性　能	应　用
高碳高铬工具钢	Cr12、Cr12Mo、Cr12MoV	具有较好的淬硬性、淬透性、耐磨性、抗回火稳定性、热处理变形小,但碳化物偏析严重,需要反复镦拔改锻后使用	用于制造工作负荷大或者要求耐磨性高、形状复杂的精密模具的凸、凹模和冷挤压凹模
高碳中铬工具钢	Cr4WV、Cr4W2MoV	具有较好的淬硬性、淬透性、耐磨性和尺寸稳定性	用于制造冲裁模的凸、凹模和冷挤压凹模
高速工具钢	W18Cr4V、W6Mo5Cr4V2、6W6Mo5Cr4V	具有高强度、高硬度、高耐磨性、高韧性和抗回火稳定性	用于制造反冷挤压凸模
硬质合金	YG6、YG8、YG11	具有更高的硬度和高耐磨性,但抗弯强度和韧性差,加工困难	用于制造冲击性小而要求耐磨的模具
	YG15、YG20、YG25		用于制造冲击性大的模具

3.4.2　冲裁模零件的常用材料和热处理要求

1. 冲裁模具工作零件的常用材料及热处理要求

冲裁模具工作零件常选用的材料及热处理要求见表3-37。

表3-37　冲裁模具工作零件的常用材料及热处理要求

工作零件名称及使用条件	材料牌号	热处理硬度(HRC)	
		凸模	凹模
冲裁料厚 $t \leqslant 3$ mm,形状简单的凸模、凹模和凸凹模	T8A、T10A、9Mn2V	58～62	60～64
冲裁料厚 $t \leqslant 3$ mm,形状复杂或冲裁料厚 $t > 3$ mm 的凸模、凹模和凸凹模	CrWMn、Cr6WV、9Mn2V、Cr12、Cr12MoV、GCr15	58～62	62～64
要求高度耐磨的凸模、凹模和凸凹模,或生产量大、要求特长寿命的凸模、凹模	W18Cr4V、Cr4W2MoV	60～62	61～63
	65Cr4Mo3W2VNb(65Nb)	56～58	58～60
	YG15、YG20	—	
材料加热冲裁时的凸模、凹模	3Cr2W8、5CrNiMo、5CrMnMo	48～52	
	6Cr4Mo3Ni2WV	51～53	

2. 冲裁模具其他零件的常用材料及热处理要求

冲裁模具其他零件常选用的材料及热处理要求见表3-38。

表 3-38　冲裁模具其他零件的常用材料及热处理要求

零件名称	使用情况	材料牌号	热处理硬度（HRC）
上模座、下模座	一般负载	HT200、HT250	—
	负载较大	HT250、Q235	—
	负载特大，受高速冲击	45	—
	用于滚动式导柱模架	QT2400－18、ZG310－570	—
	用于大型模具	HT250、ZG310－570	—
模柄	压入式、旋入式和凸缘式	Q235	—
	浮动式模柄及球面垫块	45	43～48
导柱、导套	大量生产	20	58～62（渗碳）
	单件生产	T10A、9Mn2V	56～60
	用于滚动配合	Crl2、GCr15	62～64
垫板	一般用途	45	43～48
	单位压力大	T8A、9Mn2V	52～56
推板、顶板	一般用途	Q235	—
	重要用途	45	43～48
推杆、顶杆	一般用途	45	43～48
	重要用途	CrWMn、Cr6WV	56～60
导正销	一般用途	T10A、9Mn2V	56～62
	高耐磨	Crl2MoV	60～62
固定板、卸料板	—	Q235、45	—
定位板	—	45	43～48
		T8	52～56
导料板	—	45	43～48
承料板	—	Q235、45	—
挡料销、定位销	—	45	43～48
废料切刀	—	T10A、9Mn2V	56～60
定距侧刃	—	T8A、T10A、9Mn2V	56～60
侧压板	—	45	43～48
侧刃挡板	—	T8A	54～58
弹簧	—	65Mn、60Si2Mn	43～48

第4章　注塑模具课程设计实例

塑料制品电流线圈架(图4-1)需大批量生产,试进行塑件的成型工艺和模具设计,并选择模具的主要加工方法与工艺。

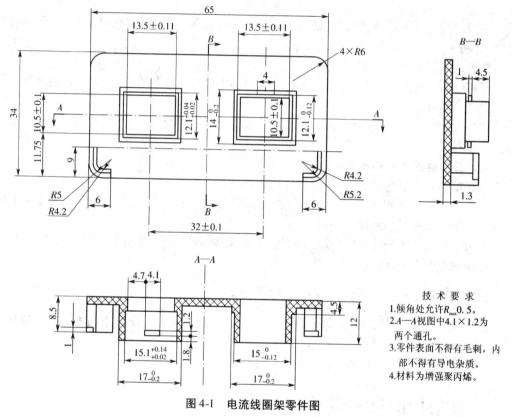

图4-1　电流线圈架零件图

技术要求
1.倾角处允许R_{max}0.5。
2.A—A视图中4.1×1.2为两个通孔。
3.零件表面不得有毛刺,内部不得有导电杂质。
4.材料为增强聚丙烯。

4.1　成型工艺规程的编制

4.1.1　塑件的工艺性分析

1.塑件的原材料分析

电流线圈架材料为增强聚丙烯,机械强度好,弹性模量高,可在相当负荷下工作;耐热性好,冲击韧性优异,可在 $-30 \sim +110$ ℃温度范围内使用;化学稳定性好,收缩率 $S_q = 0.4\% \sim 0.8\%$,可在许多化学介质下保持使用性能;适用于电子部件、配电箱、电容器端子板、家用电器及化工设备等方面。

2.塑件的结构、尺寸精度和表面质量分析

1)结构分析

从零件图分析可知,该零件总体形状为长方体,在宽度方向的一侧有两个高度为8.5

mm、R5 mm 的凸耳;在两个高度为 12 mm、长和宽分别为 17 mm 和 13.5 mm 的凸台上,一个带有凹槽(对称分布),另一个带有 4.1mm × 1.2 mm 的凸台对称分布。因此,模具设计时必须设置侧向分型抽芯机构,该零件属于中等复杂程度。

2)尺寸精度分析

该零件重要尺寸有 $12.1^0_{-0.12}$ mm、$12.1^{+0.04}_{+0.02}$ mm、$15.1^{+0.14}_{+0.02}$ mm、$15.1^0_{-0.12}$ mm 等,精度为 3 级,次重要尺寸有 13.5 ± 0.11 mm、$17^0_{-0.2}$ mm、10.5 ± 0.1 mm、$14^0_{-0.2}$ mm 等,精度为 4 ~ 5 级。

由以上分析可见,该零件的尺寸精度中等偏上,对应的模具相关零件的尺寸加工可以保证。

从塑件的壁厚来看,壁厚最大处为 1.3 mm,最小处为 0.95 mm,壁厚差为 0.35 mm,较均匀,有利于零件的成型。

3)表面质量分析

该零件的表面除要求没有缺陷、毛刺以及内部不得有导电杂质外,没有特别的表面质量要求,故比较容易实现。

综上分析可以看出,注射时在工艺参数控制得较好的情况下,零件的成型要求可以得到保证。

3. 计算塑件的体积和质量

计算塑件的质量是为了选用注射机及确定型腔数。

经计算塑件的体积 $V = 4\,087$ mm^3,根据设计手册可查得增强聚丙烯的密度 $\rho = 1.04$ g/cm^3,故塑件的质量 $W = V\rho = 4.25$ g。

采用一模两件的模具结构,考虑其外形尺寸、注射时所需压力和工厂现有设备等情况,初步选用的注射机为 XS—Z—60 型。

4.1.2　塑件注射工艺参数的确定

参考工厂实际应用的情况,增强聚丙烯的成型工艺参数可作如下选择:成型温度为 230 ~ 290 ℃,注射压力为 70 ~ 140 MPa。

必须说明的是,上述工艺参数在试模时可作适当调整。

4.2　注射模的结构设计

注射模结构设计主要包括:分型面选择、模具型腔数目及排列方式的确定、浇注系统设计、抽芯机构设计、成型零件结构设计等。

4.2.1　分型面选择

在模具设计中,分型面的选择很关键,它决定了模具的结构。应根据分型面选择原则和塑件的成型要求来选择分型面。该塑件为机内骨架,表面质量无特殊要求,但在绕线的过程中上端面与工人的手指接触较多,因此上端面最好自然形成圆角。此外,该零件高度为 12 mm,且垂直于轴线的截面形状比较简单和规范,选择如图 4-2 所示水平分型方式既可降低模具的复杂程度、减少模具加工难度,又便于成型后的脱模。

4.2.2　模具型腔数目及排列方式确定

考虑到塑件是大批量生产,且制品的结构中等复杂、尺寸精度中等要求,因此采用一模

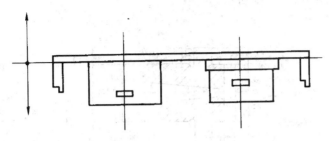

图 4-2　水平分型面

两腔,型腔的排列有以下两种方案:

方案一:图 4-3 所示的型腔排列方式,该方案的优点是便于设置侧向分型与抽芯机构,缺点是料流程较长。

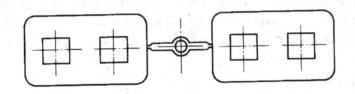

图 4-3　型腔排列方案一

方案二:图 4-4 所示的型腔排列方式,该方案料流程较短,但侧向分型与抽芯机构设置相当困难,势必成倍增大模具结构的复杂程度。

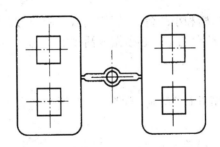

图 4-4　型腔排列方案二

由于该产品尺寸相对较小,且增强聚丙烯的流动性较好,考虑到模具结构的复杂性及各方面因素,所以优先考虑方案一。

4.2.3　浇注系统设计

1. 主流道设计及主流道衬套结构选择

根据设计手册查得 XS—Z—60 型注射机喷嘴的有关尺寸:喷嘴前端孔径 $d_0 = 4$ mm,喷嘴前端球面半径 $R_0 = 12$ mm。

根据模具主流道与喷嘴尺寸关系 $R = R_0 + (1 \sim 2)$ mm 及 $d = d_0 + (0.5 \sim 1)$ mm,取主流道球面半径 $R = 13$ mm,小端直径 $d = 4.5$ mm。

主流道衬套的结构如图4-5所示。

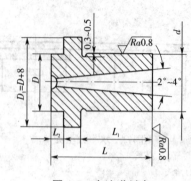

图4-5 主流道衬套

2.分流道设计

分流道的形状及尺寸应根据塑件的体积、壁厚、形状的复杂程度、注射速率、分流道长度等因素确定。本塑件的形状不算太复杂,熔料填充型腔比较容易。根据型腔的排列方式可知,分流道的长度较短,为了便于加工,分流道开在动模板上,截面形状为半圆形,取 R = 4 mm。

3.浇口设计

根据塑件的形状及型腔的排列方式,采用截面为矩形的侧浇口较为理想。选择从壁厚为 1.3 mm 处进料,料由厚处往薄处流,而且模具成型零件结构采用镶拼式,有利于填充和排气。初选尺寸为 1 mm×0.08 mm×0.6 mm($b×l×h$),试模时可再修正。

4.2.4 抽芯机构设计

本塑件侧壁有一对小凹槽和小凸台,它们均垂直于脱模方向,阻碍成型后塑件从模具脱出。因此,成型小凹槽和小凸台的零件必须做成活动的型芯,即要设置抽芯机构。本模具采用斜导柱抽芯机构。

1.确定抽芯距

抽芯距一般应大于成型孔(或凸台)的深度,本例中塑件孔壁壁厚 H_1 和凸台高度 H_2 相等:

$$H_1 = H_2 = (14 - 12.1)/2 = 0.95(mm)$$

另加 3~5 mm 的抽芯安全系数,可取抽芯距 $S_{抽}$ =4.9 mm。

2.确定斜导柱倾角

斜导柱的倾角是斜导柱抽芯机构的主要技术数据之一,它与抽拔力以及抽芯距有直接关系,一般取 α = 15°~20°,本例中选取 α = 20°。

3.确定斜导柱的尺寸

斜导柱的直径取决于抽拔力及其倾斜角,可按设计资料的有关公式进行计算,也可根据经验确定,取斜导柱的直径 d = 14 mm。斜导柱的长度根据抽芯距、固定端模板的厚度、斜导柱直径及倾斜角大小确定。

4.滑块与导槽设计

(1)滑块与侧型芯(孔)的连接方式设计。本例中侧向抽芯机构主要是用于成型零件的侧向孔和侧向凸台,由于侧向孔和侧向凸台的尺寸较小,考虑到型芯强度和装配问题,采用组合式结构。型芯与滑块的连接采用镶嵌方式,其结构如图 4-6 所示。

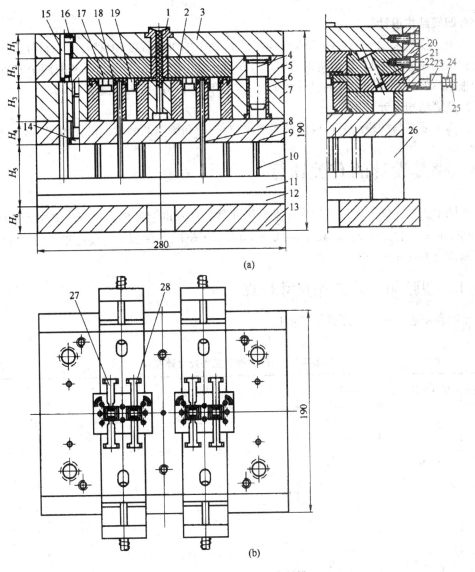

(a)

(b)

图 4-6　电流线圈架注射模

1—浇口套;2—定模凹模镶块;3—定模座板;4—导柱;5—定模固定板;6—导套;
7—动模固定板;8—推杆;9—支承板;10—复位杆;11—推杆固定板;12—推板;
13—动模座板;14,16,25—螺钉;15—销钉;17—型芯;18—动模凹模镶块;19—型芯;20—楔紧块;
21—斜导柱;22—侧型芯滑块;23—限位挡块;24—弹簧;26—模脚;27,28—侧型芯

(2)滑块的导滑方式设计。本例中为使模具结构紧凑,降低模具装配复杂程度,拟采用整体式滑块和整体式导向槽的形式,其结构如图 4-6 所示。为提高滑块的导向精度,装配时可对导向槽或滑块采用配磨、配研的装配方法。

(3)滑块的导滑长度和定位装置设计。本例中由于侧芯距较短,故导滑长度只要符合滑块在开模时的定位要求即可。滑块的定位装置采用弹簧与台阶的组合形式,如图 4-6所示。

4.2.5　成型零件结构设计

1. 凹模结构设计

本例中模具采用一模二件的结构形式,考虑加工的难易程度和材料的价值利用等因素,凹模拟采用镶嵌式结构,其结构形式如图 4-6 所示,图中件 18 上的两对凹槽用于安放侧型芯。根据本例分流道与浇口的设计要求,分流道和浇口均设在凹模镶块上。

2. 凸模结构设计

凸模主要是与凹模结合构成模具的型座腔,凸模和侧型芯的结构形式如图 4-6 所示。

4.3　模具设计的有关计算

本例中成型零件工作尺寸均采用平均法计算。查表得增强聚丙烯的收缩率 $S_q = 0.4\%$ ~0.8% ,故平均收缩率 $S_{av} = (0.4\% + 0.8\%)/2 = 0.6\%$,考虑到工厂模具制造的现有条件,模具制造公差取 $\delta_z = \Delta/3$ 。

4.3.1　型腔和型芯工作尺寸计算

型腔和型芯工作尺寸计算见表 4-1。

表 4-1　型腔和型芯工作尺寸计算

类别	序号	模具零件名称	塑件尺寸	计算公式	型腔或型芯的工作尺寸
型腔的计算	1	下凹模镶块	$17_{-0.2}^{0}$	$L_m = (L_s + L_s S_{cp} - \frac{3}{4}\Delta)_0^{+\delta_z}$	$16.95_{0}^{+0.07}$
			$15_{-0.12}^{0}$		$15_{0}^{+0.04}$
			$14_{-0.2}^{0}$		$13.93_{0}^{+0.07}$
			$12.1_{-0.12}^{0}$		$12.08_{0}^{+0.04}$
			$4.5_{-0.1}^{0}$	$H_m = (H_s + H_s S_{cp} - \frac{2}{3}\Delta)_0^{+\delta_z}$	$4.4_{0}^{+0.03}$
	2	凸耳对应的型腔	$R5.2_{-0.1}^{0}$	$L_r = (L_{rs} + L_{rs} S_{cp} - \frac{3}{4}\Delta)_0^{+\delta_z}$	$5.12_{0}^{+0.03}$
			$R5_{-0.1}^{0}$		$4.95_{0}^{+0.03}$
			$R4.2_{-0.1}^{0}$		$4.15_{0}^{+0.03}$
			8.5 ± 0.05	$H_m = (H_s + H_s S_{cp} - \frac{2}{3}\Delta)_0^{+\delta_z}$	$8.44_{0}^{+0.03}$
			1 ± 0.05		$0.98_{0}^{+0.03}$
	3	上凹模镶块	$65_{-0.2}^{0}$	$L_m = (L_s + L_s S_{cp} - \frac{3}{4}\Delta)_0^{+\delta_z}$	$64.4_{0}^{+0.07}$
			$34_{-0.2}^{0}$		$33.95_{0}^{+0.07}$
			$R6_{-0.1}^{0}$		$5.6_{0}^{+0.03}$
			$1.3_{-0.6}^{0}$	$H_m = (H_s + H_s S_{cp} - \frac{2}{3}\Delta)_0^{+\delta_z}$	$1.26_{0}^{+0.02}$

续表

类别	序号	模具零件名称	塑件尺寸	计算公式	型腔或型芯的工作尺寸
型芯的计算	1	右型芯	10.5 ± 0.1	$L_m = (L_s + L_s S_{cp} - \frac{3}{4}\Delta)^{0}_{-\delta_z}$	$10.61^{0}_{-0.07}$
			13.5 ± 0.11		$13.63^{0}_{-0.07}$
			$12^{+0.16}_{0}$	$h_m = (h_s + h_s S_{cp} + \frac{2}{3}\Delta)^{0}_{-\delta_z}$	$12.17^{0}_{-0.05}$
	2	左型芯	$15.1^{+0.14}_{0.02}$	$L_m = (L_s + L_s S_{cp} - \frac{3}{4}\Delta)^{0}_{-\delta_z}$	$15.3^{0}_{-0.04}$
			$12.1^{+0.04}_{0.02}$		$12.20^{0}_{-0.04}$
			$4.5^{+0.1}_{0}$	$h_m = (h_s + h_s S_{cp} + \frac{2}{3}\Delta)^{0}_{-\delta_z}$	$4.59^{0}_{-0.03}$
孔距		型孔之间的中心距	32 ± 0.1	$C_m = (C_s + C_s S_{cp} + \frac{\delta_z}{2})$	32.19 ± 0.03

4.3.2　型腔侧壁厚度和底板厚度计算

1. 下凹模镶块型腔侧壁厚度及底板厚度计算

1）下凹模镶块型腔侧壁厚度计算

下凹模镶块型腔为组合式矩形型腔,根据组合式矩形侧壁厚度计算公式:

$$h = \sqrt[3]{\frac{5pbL_1^4}{32EBe_{件}}}$$

取 $p = 40$ MPa(选定值), $b = 12$ mm, $L_1 = 16.85$ mm, $E = 2.1 \times 10^5$ MPa, $B = 40$ mm(初选值), $e_{件} = 0.035$ mm。代入公式计算得

$$h = \sqrt[3]{\frac{5pbL_1^4}{32EBe_{件}}} = 2.05 \text{ mm}$$

考虑到下模镶块还需安放侧型芯机构,故取下凹模镶块的外形尺寸为 80 mm × 50 mm。

2）下凹模镶块底板厚度计算

根据组合式型腔底板厚度计算公式

$$H = \sqrt{\frac{3pbL^2}{4B[\sigma]}}$$

取 $p = 40$ MPa, $b = 13.83$ mm, $L = 90$ mm(初选值), $B = 190$ mm(根据模具初选外形尺寸确定), $[\sigma] = 160$ MPa(底板材料选定为 45 钢)。代入公式计算得

$$H = \sqrt{\frac{3pbL^2}{4B[\sigma]}} = 10.5 \text{ mm}$$

考虑模具的整体结构协调性,取 $H = 25$ mm。

2. 上凹模型腔侧壁厚的确定

上凹模镶块型腔为矩形整体式的,根据矩形整体式型腔侧壁厚度计算公式进行计算。由于型腔高度 $a = 1.26$ mm 很小,因而所需的 h 值也较小,故在此不作计算,而是根据下凹模镶块的外形尺寸来确定。上凹模镶块的结构及尺寸如图 4-7 所示。

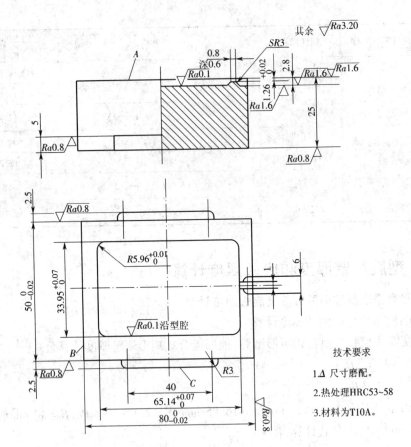

图 4-7 定模凹模镶块的结构及尺寸

4.4 模具加热和冷却系统的计算

本塑件在注射成型时模温要求不高,因而在模具上可不设加热系统,是否需要冷却系统可作如下设计计算。

设定模具平均工作温度为 40 ℃,用常温 20 ℃的水作为模具冷却介质,其出口温度为 30 ℃,产量为 0.26 kg/h(初算 0.5 套/min)。

塑件在冷却时每小时释放的热量 Q,查表得增强聚丙烯的单位热流量为 59×10^4 J/kg,即

$$Q_2 = WQ_1 = 0.26 \times 59 \times 10^4 = 15.34 \times 10^4 \text{ J/kg}$$

冷却水的体积流量

$$V = \frac{WQ_1}{P_{c1}(t_1 - t_2)} = \frac{15.34 \times 10^4 / 60}{10^3 \times 4.187 \times 10^3 \times (30 - 20)} = 0.61 \times 10^{-4} \text{ m}^3/\text{min}$$

由上述计算可知,因为模具每分钟所需的冷却水体积流量较小,故可不设冷却系统,依靠空冷的方式冷却模具即可。

4.5 模具闭合高度的确定

根据支承与固定零件的设计中提供的经验数据,确定定模座板高度 $H_1 = 25$ mm,上固定板高度 $H_2 = 25$ mm,下固定板高度 $H_3 = 40$ mm,支承板高度 $H_4 = 25$ mm,动模座板高度 $H_6 = 25$ mm,根据推出行程和推出机构的结构尺寸确定垫块高度 $H_5 = 50$ mm。因而模具的闭合高度

$$H = H_1 + H_2 + H_3 + H_4 + H_5 + H_6 = 25 + 25 + 40 + 25 + 50 + 25 = 190 \text{ mm}$$

4.6 注射机有关参数的校核

本模具的外形尺寸为 $280 \text{ mm} \times 190 \text{ mm} \times 190 \text{ mm}$,XS—Z—60 型注射机模板最大安装尺寸为 $350 \text{ mm} \times 280 \text{ mm}$,故能满足模具的安装要求。

由上述的计算模具的闭合高度 $H = 190$ mm,XS—Z—60 型注射机所允许模具的最小厚度 $H_{min} = 70$ mm,最大厚度 $H_{max} = 200$ mm,即模具满足 $H_{min} \leqslant H \leqslant H_{max}$ 的安装条件。

经查资料,XS—Z—60 型注射机的最大开模行程 $S = 180$ mm,满足出件要求。

此外,由于侧分型抽芯距较短,不会过大增加开模距离,注射机的开模行程足够。

经验证,XS—Z—60 型注射机能够满足使用要求,故可采用。

4.7 绘制模具总装图和非标零件工作图

本模具的总装图如图 4-6 所示,为非标零件工作图。

本模具的工作原理:模具安装在注射机上,定模部分固定在注射机的定模板上,动模固定在注射机的动模板上;合模后,注射机通过喷嘴将熔料经流道注入型腔,经保压、冷却后塑件成型;开模时动模部分随动板一起运动渐渐将分型面打开,与此同时在斜导柱的作用下侧抽芯滑块从型腔中退出,完成侧抽芯动作;当分型面打开到 32 mm 时,动模运动停止,在注射机顶出装置作用下,推动推杆运动将塑件顶出;合模时,随着分型面的闭合侧型芯滑块复位至型腔,同时复位杆也对推杆进行复位。

4.8 注射模主要零件加工工艺规程的编制

在此仅对上凹模镶块和下固定板的加工工艺进行分析。

上凹模镶块加工工艺过程见表 4-2。下固定板如图 4-8 所示,其加工工艺过程见表 4-3。

表 4-2 上凹模镶块加工工艺过程

序号	工序名称	工序内容
1	下料	$\phi 80 \text{ mm} \times 31 \text{ mm}$
2	锻料	锻至尺寸 $85 \text{ mm} \times 60 \text{ mm} \times 30 \text{ mm}$

序号	工序名称	工序内容
3	热处理	退火至 HBS180~200
4	刨	刨六面至尺寸 81 mm×56 mm×26.5 mm
5	平磨	磨六面至尺寸 80.4 mm×55 mm×26 mm,并保证 B、C 面及上、下平面四面垂直度为 0.02 mm/100 mm
6	数控铣	①以 B、C 面为基础铣型腔,长、宽到要求,深度到 1.5 mm ②铣流道及浇口,除其深度按图纸相应深 0.26 mm 外,其余按要求 ③铣 $2×40×2.5$ 台阶,使相关尺寸 $50_{-0.022}^{0}$ 到 50.5 mm
7	钳	①研光型腔及浇口流道 $Ra0.2~0.4~\mu m$ ②修锉 $2×40×2.5$ 台阶两端 $R2.5$ 圆弧到要求
8	热处理	淬火至要求
9	平磨	磨尺寸 25 到 25.5 型腔面磨光止,磨 $80_{-0.02}^{0}$ 到要求,注意保证各面垂直,垂直度为 0.02 mm/100 mm
10	成型磨	磨 $50_{-0.022}^{0}$ 到要求
11	钳	将本件压入上固定板
12	平磨	与上固定板配磨,使本件与上固定板上下齐平,且使型腔深度到要求
13	钳	研型腔到 $Ra0.1~\mu m$,研浇口到 $Ra0.8~\mu m$

表 4-3　下固定板加工工艺过程

序号	工序名称	工序内容
1	下料	切割钢板至尺寸 285 mm×195 mm×45 mm
2	刨	刨六面至尺寸 281 mm×191 mm×41 mm
3	热处理	调质至 HRC20~25
4	平磨	磨六面至尺寸 280 mm×191 mm×40 mm,保证 A、B 面及上、下平面四面垂直,垂直度为 0.01 mm/10 mm
5	钳	①以 A、B 面为准划各孔位中心线 ②划槽宽线,中间线切割方孔线孔位中心线 ③钻穿线孔
6	线切割	以 A、B 面为基础切 80×50 方孔到要求
7	铣	①以 A、B 面为基准找正,铣导滑槽到要求,注意滑槽位置与线切割方孔位置对中 ②翻面铣 40×5 柱台 ③与上固定板配作 $\phi28$ 孔到要求,并扩 $\phi33.5×5$ 孔到要求

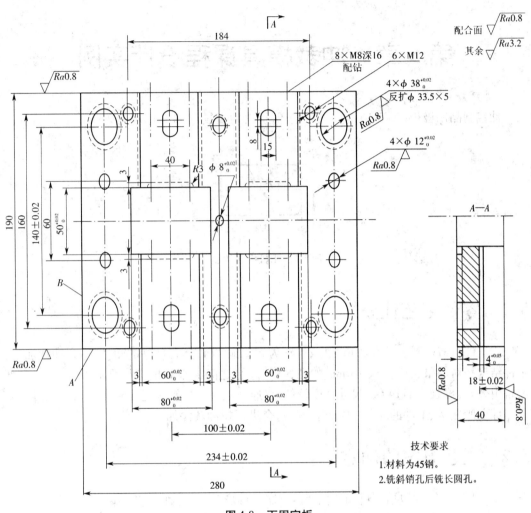

图 4-8　下固定板

技术要求

1. 材料为45钢。
2. 铣斜销孔后铣长圆孔。

第 5 章 冲裁模具课程设计实例

冲裁制品阳极板(图 5-1)需中批量生产,材料为无氧铜 TUI,厚度为 2 mm。

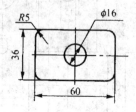

图 5-1   阳极板零件图

5.1   零件工艺性分析

该工件只有落料和冲孔两道工序;材料为无氧铜 TUI,具有良好的塑性,适合冲裁加工;工件结构相对简单,有一个 $\phi16$ mm 的孔,孔与边缘之间的距离也满足要求;工件尺寸全部为自由公差,可看作 IT14 级,尺寸精度较低,普通冲裁完全能够满足要求。

综上所述,该工件的冲裁工艺性良好,适合进行拉冲裁深加工。

5.2   工艺方案的确定

图 5-1 所示零件包括落料和冲孔两道工序,可以有以下三种工艺方案。

方案一:先冲孔,后落料,采用单工序模生产。

方案二:落料和冲孔复合冲压,采用复合模生产。

方案三:冲孔和落料级进冲压,采用级进模生产。

方案一模具结构简单,但需要两副模具,生产成本高,生产效率低,不能适应中批量生产要求。方案二只需要一副模具,工件的精度及生产效率都较高,满足工件的平整要求,工件最小壁厚 10 mm 大于凸、凹模许用最小壁厚 4.9 mm,冲压后成品留在模具上,在清理模具上物料时会影响冲压速度,使操作不方便。方案三也只需要一副模具,生产效率高,操作方便,工件的精度也能满足要求,但是模具结构复杂,安装、调试、维修比较困难。

通过对以上三种方案的分析比较,该工件的冲压生产采用方案二最佳。

5.3   工艺计算

5.3.1   排样方式的确定及计算

根据工件特点,采用如图 5-2 所示的排样方式,查表 3-21 确定,搭边值 $a_1 = 1.8$ mm、$a =$

2 mm。查设计资料得,导料板与最宽条料之间的间隙 $c = 0.5$ mm,条料宽度的公差 $\Delta = 0.6$ mm。

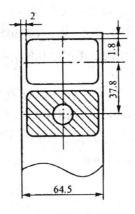

图 5-2　阳极板排样图

$$B = (D_{max} + 2a + c)\,_{-\Delta}^{\;0} = (60 + 2 \times 2 + 0.5)\,_{-0.6}^{\;0}\ \text{mm} = 64.5\,_{-0.6}^{\;0}\ \text{mm}$$

步距 S 为 37.8 mm,查板材标准,选 1 000 mm × 1 000 mm 的铜板。一个步距内的材料利用率 $\eta = 76\%$。一张铜板能生产 225 个零件,总材料利用率为 42.3%。

5.3.2　冲压力的计算

本副模具采用正装复合模,拟选择弹性卸料和上出件方式。冲压力的相关计算如下。

冲裁力 $F = KLt\tau_b$,其中 $K = 1.3$,$\tau_b = 240$ MPa,$L = (36 + 60) \times 2 - 5 \times 8 + \pi \times 5^2 = 230.5$ mm,$t = 2$ mm,所以

$$F = 1.3 \times 230.5 \times 2 \times 240 = 143.8\ \text{kN}$$

卸料力

$$F_x = K_x F = 0.05 \times 143.8\ \text{kN} = 7.2\ \text{kN}$$

顶件力

$$F_d = K_d F = 0.05 \times 143.8\ \text{kN} = 7.2\ \text{kN}$$

冲压力

$$F_z = F + F_x + F_d = 143.8 + 7.2 + 7.2 = 158.2\ \text{kN}$$

压力机的公称压力必须大于或等于冲压力 F_z。

根据计算结果,冲压设备拟选 J23—25。

5.3.3　压力中心的确定

零件为规则几何体,压力中心在几何中心。

5.3.4　模具工作零件的尺寸计算

结合模具结构及工件生产批量,凸、凹模适宜采用配作法加工。

未注公差按照 IT14 级,查公差表得工件尺寸及公差为 $36\,_{-0.62}^{\;0}$ mm、$60\,_{-0.64}^{\;0}$ mm、$R5\,_{-0.30}^{\;0}$ mm、$\phi16\,_{0}^{+0.43}$ mm;查表 3-22 得 $Z_{max} = 0.16$ mm,$Z_{min} = 0.12$ mm;所有尺寸的磨损系数均为 $x = 0.5$。

1. 落料凹模的基本尺寸

$36 _{-0.62}^{0}$ mm　对应凹模尺寸为 $D_a = (36 - 0.5 \times 0.62) _{0}^{+(0.25 \times 0.62)} = 35.7 _{0}^{+0.155}$ mm

$60 _{-0.64}^{0}$ mm　对应凹模尺寸为 $D_a = (60 - 0.5 \times 0.74) _{0}^{+(0.25 \times 0.74)} = 59.6 _{0}^{+0.185}$ mm

$R5 _{-0.30}^{0}$ mm　对应凹模尺寸为 $D_a = R(5 - 0.5 \times 0.30) _{0}^{+0.25 \times 0.30} = R4.85 _{0}^{+0.075}$ mm

落料凸模的基本尺寸与落料凹模的基本尺寸相同,同时在技术条件中注明:凸模刃口尺寸与凹模配作,保证间隙在 0.12~0.16 mm。

2. 冲孔凸模的基本尺寸

$\phi16 _{0}^{+0.43}$　对应凸模尺寸为 $D_1 = (16 + 0.5 \times 0.43) _{-0.25 \times 0.43}^{0} = \phi16.2 _{-0.11}^{0}$ mm

冲孔凹模的基本尺寸与冲孔凸模的基本尺寸相同,同时在技术条件中注明凹模刃口尺寸与凸模配作,保证间隙在 0.12~0.16 mm。

5.4　模具结构设计

1. 模具类型的选择
由冲压分析可知,采用正装复合模。

2. 定位方式的选择
本模具采用的是条料,控制条料的送进方向采用导料销,无侧压装置。控制条料送进步距采用挡料销。

3. 卸料、出件方式的选择
因为工件为料厚 2 mm 的无氧铜板,材料相对较软,卸料力也比较小,所以可采用弹性卸料方式。因为采用正装复合模,必须采用上出件方式。

4. 导向方式的选择
为了提高模具寿命和工件质量以及方便安装和调整,本复合模采用中间导柱的导向方式。

5.5　模具主要零件设计

1. 冲孔凸模
因为所冲的孔为圆形,而且不属于需要特别保护的小凸模,所以冲孔凸模采用台阶式,一方面加工简单,另一方面又便于装配和更换。冲 $\phi16$ mm 孔的凸模的结构形式及尺寸如图 5-3 所示。

2. 凸凹模
凸凹模的外形按照凸模设计,内孔按照凹模设计,结合工件外形并考虑加工,将落料凸模设计成台阶式,将冲孔凹模设计成台阶式孔,其总长可按下式计算:

$$L = 20 + 10 + 2 + 24 = 56 \text{ mm}$$

凸凹模的结构形式及尺寸如图 5-4 所示。

3. 落料凹模
落料凹模采用整体式凹模,安排凹模在模架上的位置时,将凹模中心与模柄中心重合。
凹模厚度 H 按下式计算:

$$H = Kb = 0.28 \times 60 \text{ mm} = 17 \text{ mm}$$

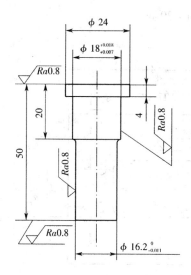

图 5-3　冲孔凸模

材料：Cr12MoV
热处理：58~62HRC

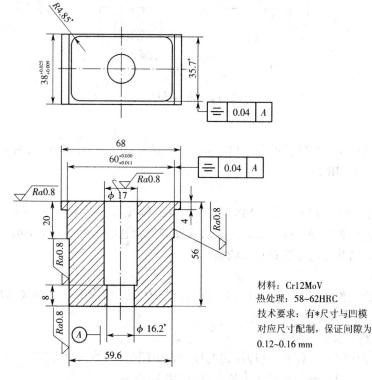

材料：Cr12MoV
热处理：58~62HRC
技术要求：有*尺寸与凹模
对应尺寸配制，保证间隙为
0.12~0.16 mm

图 5-4　凸凹模

取凹模厚度 $H = 20$ mm，凹模壁厚 C 按下式计算：

$$C = (1.5 \sim 2)H = (1.5 \sim 2) \times 20 = 30 \sim 40 \text{ mm}$$

取凹模壁厚 $C = 30$ mm；

凹模长度 $L = L_1 + C = 60 + 2 \times 30 = 120$ mm；

取凹模宽度 $B = 100$ mm；

凹模轮廓尺寸为 120 mm × 100 mm × 20 mm。

凹模结构形式及尺寸如图 5-5 所示。

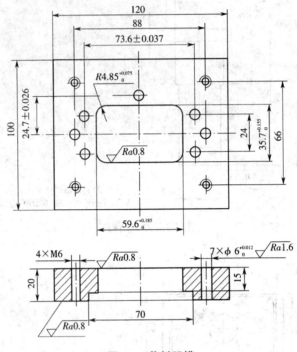

图 5-5　落料凹模

4. 卸料板

卸料板的周界尺寸与凹模的周界尺寸相同,厚度为 10 mm。卸料板采用 45 钢制造,淬火后硬度为 40 ~ 45HRC。

5. 卸料螺钉

卸料板上设置 4 个卸料螺钉,公称直径为 8 mm,螺纹部分为 M6 × 10 mm。卸料螺钉尾部应留有足够的行程空间。卸料螺钉拧紧后应使卸料板超出凸模端面 1 mm,有误差时通过在卸料螺钉与卸料板之间安装垫片来调整。

6. 顶件块

正装复合模工件一般采用上出料,为节约材料,通常在凹模下加一垫块,以增加顶件块的行程,顶件块与弹顶器用顶杆相连。

7. 模架零件和其他零部件

该模具采用中间导柱模架,这种模架的导柱在中间位置,冲压时可以防止由于偏心力矩引起的模具歪斜。以凹模周界尺寸为依据,选择模架规格。

导柱规格为 $\phi 28 \times 160$,$\phi 32 \times 160$,材料为 20 钢。

导套规格为 $\phi 28 \times 115 \times 42$,$\phi 32 \times 115 \times 45$,材料为 20 钢。

上模座厚度取 25 mm,上、下模座垫板厚度取 5 mm,上、下固定板厚度取 20 mm,下垫块厚度取 10 mm,下模座厚度取 30 mm,则该模具的闭合高度

$$H = (25 + 5 + 5 + 56 + 20 + 20 + 30 + 20 - 2) \, \text{mm} = 179 \, \text{mm}$$

凸模冲裁后进入凹模的深度为 2 mm。

可见,该模具的闭合高度小于所选压力机 J23—25 的最大装模高度 280 mm,完全可以满足使用要求。

5.6　模具总装图

该模具总装图如图 5-6 所示。模具的上模部分主要由上模座、垫块、凸凹模、凸模固定板及卸料板等组成。卸料方式为弹性卸料,以橡胶为弹性元件。模具的下模部分主要由下模座、凹模、凹模固定板及导料销等组成。冲孔废料由上模打杆从凸凹模中打出,成品件用下模中的顶料块从凹模中顶出。

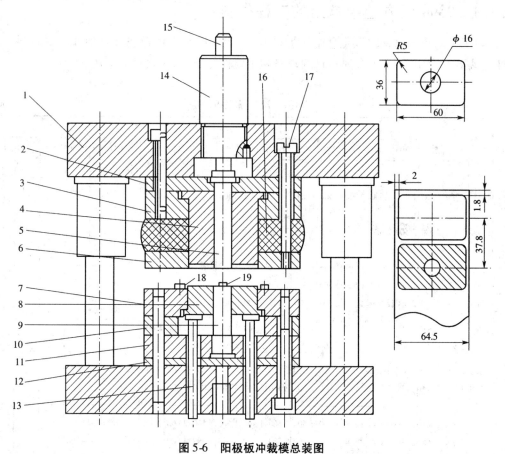

图 5-6　阳极板冲裁模总装图
1—模架;2,10,12—垫板;3—凸凹模固定板;4—凸凹模;5—推杆;6—卸料板;
7—落料凹模;8—推板;9—凸模;11—凸模固定板;13—顶杆;14—模柄;
15—打杆;16—橡胶;17—卸料销钉;18—导料销;19—挡料销

第6章　模具设计常用标准

6.1　冷冲压模具设计常用技术资料

6.1.1　冷冲压成型中常用的工程材料

冲压常用的金属材料以黑色金属板材为主,此外还有有色金属和其他非金属材料。表6-1 至表6-10 列出了常用金属板材的规格和主要性能指标,供设计时选用。

表6-1　冷轧薄钢板规格　　　　　　　　　　　　　　　　　　　　　　　　　　　mm

标称厚度	按下列钢板宽度的最小和最大长度																			
	600	650	700	(710)	750	800	850	900	950	1 000	1 100	1 250	1 400	(1 420)	1 500	1 600	1 700	1 800	1 900	2 000
0.20 0.25 0.30 0.35 0.40 0.45 (min)	1 200	1 300	1 400	1 400	1 500	1 500	1 500	1 500	1 500	1 500	1 500	—	—	—	—	—	—	—	—	—
(max)	2 500	2 500	2 500	2 500	2 500	2 500	2 500	3 000	3 000	3 000	3 000									
0.56 0.60 0.65 (min)	1 200	1 300	1 400	1 400	1 500	1 500	1 500	1 500	1 500	1 500	1 500	—	—	—	—	—	—	—	—	—
(max)	2 500	2 500	2 500	2 500	2 500	2 500	2 500	3 000	3 000	3 000	3 500									
0.70 0.75 (min)	1 200	1 300	1 400	1 400	1 500	1 500	1 500	1 500	1 500	1 500	1 500	2 000	2 000	—	—	—	—	—	—	—
(max)	2 500	2 500	2 500	2 500	2 500	2 500	2 500	3 000	3 000	3 000	3 500	4 000	4 000							
0.80 0.90 1.00 (min)	1 200	1 300	1 400	1 400	1 500	1 500	1 500	1 500	1 500	1 500	1 500	2 000	2 000	—	—	—	—	—	—	—
(max)	3 000	3 000	3 000	3 000	3 000	3 000	3 500	3 500	3 500	3 500	4 000	4 000	4 000	4 000						
1.1 1.2 1.3 (min)	1 200	1 300	1 400	1 400	1 500	1 500	1 500	1 500	1 500	1 500	1 500	2 000	2 000	2 000	2 000	2 000	—	—		
(max)	3 000	3 000	3 000	3 000	3 000	3 000	3 000	3 000	3 000	4 000	4 000	4 000	4 000	4 200	4 200					
1.4 1.5 1.6 1.7 1.8 2.0 (min)	1 200	1 300	1 400	1 400	1 500	1 500	1 500	1 500	1 500	1 500	1 500	2 000	2 000	2 000	2 000	2 000	2 500	—	—	
(max)	3 000	3 000	3 000	3 000	3 000	3 000	3 000	3 000	3 000	4 000	4 000	6 000	6 000	6 000	6 000	6 000	6 000	6 000		
2.2 2.5 (min)	1 200	1 300	1 400	1 400	1 500	1 500	1 500	1 500	1 500	1 500	1 500	2 000	2 000	2 000	2 000	2 000	2 500	2 500	2 500	2 500
(max)	3 000	3 000	3 000	3 000	3 000	3 000	3 000	3 000	3 000	4 000	4 000	6 000	6 000	6 000	6 000	6 000	6 000	6 000	6 000	6 000

续表

标称厚度	按下列钢板宽度的最小和最大长度																			
	600	650	700	(710)	750	800	850	900	950	1 000	1 100	1 250	1 400	(1 420)	1 500	1 600	1 700	1 800	1 900	2 000
2.8 3.0 3.2	1 200 / 3 000	1 300 / 3 000	1 400 / 3 000	1 400 / 3 000	1 500 / 3 000	1 500 / 3 000	1 500 / 3 000	1 500 / 3 000	1 500 / 3 000	1 500 / 3 000	1 500 / 4 000	2 000 / 4 000	2 000 / 6 000	2 000 / 6 000	2 000 / 6 000	2 000 / 6 000	2 500 / 2 750	2 500 / 2 750	2 500 / 2 750	2 500 / 2 750
3.5 3.8 3.9	—	—	—	—	—	—	—	—	—	—	—	2 000 / 4 500	2 000 / 4 500	2 000 / 4 500	2 000 / 4 750	2 000 / 2 750	2 500 / 2 750	2 500 / 2 700	2 500 / 2 700	2 500 / 2 700
4.0 4.2 4.5	—	—	—	—	—	—	—	—	—	—	—	2 000 / 4 500	2 000 / 4 500	2 000 / 4 500	2 000 / 4 500	1 500 / 2 500	1 500 / 2 500	1 500 / 2 500	1 500 / 2 500	1 500 / 2 500
4.8 5.0	—	—	—	—	—	—	—	—	—	—	—	2 000 / 4 500	2 000 / 4 500	2 000 / 4 500	2 000 / 4 500	1 500 / 2 300	1 500 / 2 300	1 500 / 2 300	1 500 / 2 300	1 500 / 2 300

表6-2 镀锌钢板的厚度及厚度公差

mm

材料厚度	厚度公差	常用钢板的宽度×长度	
0.25,0.30,0.35,0.40,0.45	±0.05	510×710 710×1 420 750×1 500	850×1 700 900×1 800 900×2 000
0.50,0.55	±0.05	710×1 420	900×1 800
0.60,0.65	±0.06	750×1 500	900×2 000
0.70,0.75	±0.07	750×1 800	1 000×2 000
0.80,0.90	±0.08	850×1 700	
1.00,1.10	±0.09		
1.20,1.25,1.30	±0.11	710×1 420	750×1 800
1.40,1.50	±0.12	750×1 500	850×1 700
1.60,1.80	±0.14	900×1 800	1 000×2 000
2.00	±0.16		

表6-3 冷轧钢板厚度偏差

mm

标称厚度 \ 标称宽度	厚度允许偏差			
	A 级精度		B 级精度	
	≤1 500	>1 500~2 000	≤1 500	>1 500~2 000
0.20~0.50	±0.04	—	±0.05	—
>0.50~0.65	±0.05	—	±0.06	—
>0.65~0.90	±0.06	—	±0.07	—
>0.90~1.10	±0.07	±0.09	±0.09	±0.11
>1.10~1.20	±0.09	±0.10	±0.10	±0.12
>1.20~1.4	±0.10	±0.12	±0.11	±0.14
>1.4~1.5	±0.11	±0.13	±0.12	±0.15
>1.5~1.8	±0.12	±0.14	±0.14	±0.16
>1.8~2.0	±0.13	±0.15	±0.15	±0.17
>2.0~2.5	±0.14	±0.17	±0.16	±0.18

续表

标称厚度＼标称宽度	厚度允许偏差			
	A 级精度		B 级精度	
	≤1 500	>1 500~2 000	≤1 500	>1 500~2 000
>2.5~3.0	±0.16	±0.19	±0.18	±0.20
>3.0~3.5	±0.18	±0.20	±0.20	±0.21
>3.5~4.0	±0.19	±0.21	±0.22	±0.24
>4.0~5.0	±0.20	±0.22	±0.23	±0.25

表 6-4　拉深用钢的力学性能

钢种	拉深级别							
	Z	S 和 P	Z	S	P	Z	S	P
	抗拉强度 σ_b/MPa		伸长率 δ_{10}(%)不小于					
			冷轧钢板			热轧钢板		
08F	275~365	275~380	31	32	30	30	29	27
08 08Al 10F	275~390	275~410	32	30	28	28	27	25
10	295~410	295~430	30	29	28	27	26	24
15F	315~430	315~450	29	28	27	27	26	24
15 15Al 20F	335~450	335~470	27	26	25	26	25	24
20	355~490	355~500	26	25	24	25	24	24
25	—	390~540	—	24	23	—	23	22
30	—	440~590	—	22	21	—	21	20
35	—	490~635	—	20	19	—	19	18
40	—	510~650	—	—	18	—	—	17
45	—	540~685	—	—	16	—	—	15
50	—	540~715	—	—	14	—	—	13

表 6-5 碳素冷轧钢带的厚度与宽度公差   mm

材料厚度 t	材料厚度公差		钢带宽度	宽度公差			
	普通	较高		切边钢带		不切边钢带	
				普通精度	较高精度	尺寸	允许偏差
0.05,0.06,0.08	-0.020	-0.015	5,10,…,100(间隔5)	-0.3	-0.2	≤50	+2 −1
0.10,0.15							
0.20,0.25	-0.030	-0.020					
0.30,0.35,0.40	-0.040	-0.030	5,10,…,150(间隔5), 160,170,180,190,200				
0.45,0.50							
0.55,0.60, 0.65,0.70	-0.050	-0.040		-0.4	-0.3		
0.75,0.80	-0.070	-0.050					
0.85,0.90,0.95							
1.00						>50	+3 −2
1.05,1.10,1.15 1.20,1.25,1.30 1.35	-0.090	-0.060	30,35,…,150(间隔5), 160,170,180,190,200				
1.40,1.45,1.50 1.60,1.70,1.75	-0.110	-0.080		-0.6	-0.4		
1.80,1.90,2.00 2.10,2.20,2.30	-0.130	-0.100	50,55,…,150(间隔5), 160,170,180,190,200				
2.40,2.50,2.60 2.70,2.80,2.90 3.00	-0.160	-0.120					

表6-6 优质碳素结构钢冷轧钢带尺寸　　　　　　　　mm

钢带厚度				钢带宽度				
	允许偏差				切边钢带		不切边钢带	
尺寸	普通精度（P）	较高精度（H）	高精度（J）	尺寸	允许偏差		尺寸	允许偏差
					普通精度(P)	较高精度(H)		
0.10 ~ 0.15	-0.020	-0.015	-0.010	4 ~ 120	-0.32	-0.3	≤50	+2 -1
>0.15 ~ 0.25	-0.030	-0.020	-0.015					
>0.25 ~ 0.40	-0.040	-0.030	-0.020	6 ~ 200				
>0.40 ~ 0.50	-0.050	-0.040	-0.025					
>0.50 ~ 0.70								
>0.70 ~ 0.95	-0.070	-0.050	-0.030	10 ~ 200	-0.4	-0.3		
>0.95 ~ 1.00	-0.090	-0.060	-0.040					
>1.00 ~ 1.35								
>1.35 ~ 1.75	-0.110	-0.080	-0.050	18 ~ 200	-0.6	-0.4	>50	+3 -2
>1.75 ~ 2.30	-0.130	-0.100	-0.060					
>2.30 ~ 3.00	-0.160	-0.120	-0.080					
>3.00 ~ 4.00	-0.020	-0.160	-0.100					

表6-7 冷轧黄铜板的厚度、宽度、长度极限偏差　　　　　　　　mm

厚　度	厚度偏差		宽度、长度偏差
	宽度及长度		
	600 × 1 500	710 × 1 410	
0.40,0.45,0.50	-0.07	-0.09	宽度偏差：-10 长度偏差：-15
0.60,0.70	-0.08	-0.10	
0.80	-0.10		
0.90		-0.12	
1.00,1.10	-0.12		
1.20,1.35	-0.14	-0.14	
1.50,1.65,1.80	-0.16	-0.16	
2.00	-0.18		
2.25		-0.18	
2.50			
2.75,3.00	-0.20	-0.21	
3.50,4.00	-0.23	-0.24	

表 6-8　铝板、铝合金板的厚度及宽度偏差　　　　mm

材料厚度	板料宽度								宽度偏差
	400 500	600	800	1 000	1 200	1 400	1 500	2 000	
	厚度偏差								
0.30	− 0.05								宽度≤1 000 时: +5 −3
0.40	− 0.05								
0.50	− 0.05	− 0.05	− 0.08	− 0.10	− 0.12				
0.60	− 0.05	− 0.06	− 0.10	− 0.12	− 0.12				
0.80	− 0.08	− 0.08	− 0.12	− 0.12	− 0.13	− 0.14	− 0.14		
1.00	− 0.10	− 0.10	− 0.15	− 0.15	− 0.16	− 0.17	− 0.17		
1.20	− 0.10	− 0.10	− 0.15	− 0.15	− 0.16	− 0.17	− 0.17		宽度>1 000 时: +10 −5
1.50	− 0.15	− 0.15	− 0.20	− 0.20	− 0.22	− 0.25	− 0.25	− 0.27	
1.80	− 0.15	− 0.15	− 0.20	− 0.20	− 0.22	− 0.25	− 0.25	− 0.27	
2.00	− 0.15	− 0.15	− 0.20	− 0.20	− 0.24	− 0.26	− 0.26	− 0.28	
2.50	− 0.20	− 0.20	− 0.25	− 0.25	− 0.28	− 0.29	− 0.29	− 0.30	
3.00	− 0.25	− 0.25	− 0.30	− 0.30	− 0.33	− 0.34	− 0.34	− 0.35	

表 6-9　一些材料的 A 与 n 值

材料牌号	A	n
3Al21	17.7	0.21
2Al2M	24.6	0.13
20	63.7	0.18
30CrMnSi	92.4	0.14
1Cr18Ni9Ti	134.0	0.34

注:n 为硬化指数,A 为系数。

表 6-10　常用冲压材料的力学性能

材料名称	牌号	材料状态	力学性能				
			τ /MPa	σ_b /MPa	σ_s /MPa	δ_{10} /%	$E/$ ($\times 10^3$ MPa)
工业纯铁	DT1、DT2、DT3	已退火	177	225		26	
电工硅钢	D11、D12、D21 D31、D32 D41、D42	已退火	441				
		未退火	549				
碳素结构钢	Q195	未退火	255 ~ 314	314 ~ 392	195	28 ~ 33	
	Q215		265 ~ 333	333 ~ 412	215	26 ~ 31	
	Q235		304 ~ 373	432 ~ 461	235	21 ~ 25	
	Q255		333 ~ 412	481 ~ 511	255	19 ~ 23	
	Q275		392 ~ 490	569 ~ 608	275	15 ~ 19	
优质碳素结构钢	10F	已退火	216 ~ 333	275 ~ 410	186	30	
	15F		245 ~ 363	315 ~ 450		28	
	08		255 ~ 333	275 ~ 410	196	32	186

续表

材料名称	牌号	材料状态	力学性能				
			τ /MPa	σ_b /MPa	σ_s /MPa	δ_{10} /%	$E/$ ($\times 10^3$ MPa)
优质碳素结构钢	10		265~373	295~430	206	29	194
	15		392~490	335~470	225	26	198
	20		275~392	355~500	245	25	206
	25		314~432	390~540	275	24	195
	30		353~471	440~590	294	22	197
	35		392~511	490~635	315	20	197
	40		432~549	510~650	333	18	109
	45		392~490	540~685	353	16	100
	65(65Mn)	正火	588	≥716	412	12	207
不锈钢	1Cr13	退火	314~372	392~461	412	21	206
	1Cr13Mo		314~392	392~490	441	20	206
	1Cr17Ni8		451~511	569~628	196	35	196
黄铜	68 黄铜（H68）	软	235	294	98	40	108
		半硬	275	343		25	108
		硬	392	392	245	15	113
	62 黄铜（H62）	软	255	294		35	98
		半硬	294	373	196	20	
		硬	412	412		10	
铝	1070A、1060、1050A、1035、1200	退火	78	74~108	49~78	25	71
		冷作硬化	98	118~147		4	71
	2Al2（硬铝）	退火	103~147	147~211			
		冷作硬化	275~314	392~451	333	10	71
工业纯钛	TA2	退火	353~471	441~588		25~30	
镁合金	MB1	冷态	118~137	167~186		3~5	39
	MB8		147~177	225~235		14~15	40
	MB1	300 ℃	29~49	29~49		50~52	39
	MB8		49~69	49~69		58~62	40
锡青铜	QSn4-4-2.5	软	255	294	137	38	98
		硬	471	539		35	95

6.1.2　冲压件未注公差尺寸的极限偏差

凡是产品图样上未注明公差的尺寸,均属于未注公差尺寸。在计算凸模和凹模尺寸时,冲压件未注尺寸的极限偏差数值通常按 IT14 级。冲裁和拉深件未注公差尺寸的极限偏差见表 6-11。弯曲件角度偏差及未注角度公差的极限偏差分别见表 6-12 和表 6-13。

表 6-11 冲裁和拉深件未注公差尺寸的极限偏差   mm

基本尺寸	尺寸的类型		
	包容表面	被包容表面	暴露表面及孔中心距
≤3	+ 0. 25	− 0. 25	± 0. 15
3 ~ 6	+ 0. 30	− 0. 30	
6 ~ 10	+ 0. 36	− 0. 36	± 0. 215
10 ~ 18	+ 0. 43	− 0. 43	
18 ~ 30	+ 0. 52	− 0. 52	± 0. 31
30 ~ 50	+ 0. 62	− 0. 62	
50 ~ 80	+ 0. 74	− 0. 74	± 0. 435
80 ~ 120	+ 0. 87	− 0. 87	
120 ~ 180	+ 1. 00	− 1. 00	± 0. 575
180 ~ 250	+ 1. 15	− 1. 15	
250 ~ 315	+ 1. 30	− 1. 30	± 0. 70
315 ~ 400	+ 1. 40	− 1. 40	
400 ~ 500	+ 1. 55	− 1. 55	± 0. 875
500 ~ 630	+ 1. 75	− 1. 75	
630 ~ 800	+ 2. 00	− 2. 00	± 1. 15
800 ~ 1000	+ 2. 30	− 2. 30	
1 000 ~ 1 250	+ 2. 60	− 2. 60	± 1. 55
1 250 ~ 1 600	+ 3. 10	− 3. 10	
1 600 ~ 2 000	+ 3. 70	− 3. 70	± 2. 20
2 000 ~ 2 500	+ 4. 40	− 4. 40	

注:1. 当测量时包容量具的表面尺寸称为包容尺寸,如孔径或槽宽。

2. 当测量时被量具包容的表面尺寸称为被包容尺寸,如圆柱体直径和板厚等。

3. 不属于包容尺寸和被包容尺寸的表面尺寸称为暴露尺寸,如凸台高度、不通孔的深度等。

表 6-12 弯曲件角度偏差 $\Delta \alpha$

比值 R/t	材料性质					
	软	中	硬	软	中	硬
	普级			精级		
≤1	± 30′	± 1°	± 2°	± 15′	± 30′	± 1°
>1 ~ 2	± 1°	± 2°	± 4°	± 30′	± 1°	± 2°
>2 ~ 4	± 2°	± 4°	± 8°	± 1°	± 2°	± 4°

表6-13 未注角度公差的极限偏差

公差等级	短边长度				
	≤10	>10~50	>50~120	>120~400	>400
精密	±1°	±30′	±20′	±10′	±5′
普通	±1°30′	±1°	±30′	±15′	±10′
粗级	±3°	±2°	±1°	±30′	±20′

6.1.3　冲模常用公差与配合及表面粗糙度

表6-14为基准件标准公差数值,表6-15为基孔制极限偏差数值,表6-16为冲压常用公差配合,表6-17为冲模各零件表面粗糙度特征及应用范围。

表6-14　基准件标准公差数值　　　μm

基本尺寸 /mm	公差等级															
	IT1	IT2	IT3	IT4	IT5	IT6	IT7	IT8	IT9	IT10	IT11	IT12	IT13	IT14	IT15	IT16
≤3	0.8	1.2	2	3	4	6	10	14	25	40	60	100	140	250	400	600
>3~6	1	1.5	2.5	4	5	8	12	18	30	48	75	120	180	300	480	750
>6~10	1	1.5	5.5	4	6	9	15	22	36	58	90	150	220	360	580	900
>10~18	1.2	2	3	5	8	11	18	27	43	70	110	180	270	430	700	1 100
>18~30	1.5	2.5	4	6	9	13	21	33	52	84	130	210	330	520	840	1 300
>30~50	1.5	2.5	4	7	11	16	25	39	62	100	160	250	390	620	1 000	1 600
>50~80	2	3	5	8	13	19	30	46	74	120	190	300	460	740	1 200	1 900
>80~120	2.5	4	6	10	15	22	35	54	87	140	220	350	540	870	1 400	2 200
>120~180	3.5	5	8	12	18	25	40	63	100	160	250	400	630	1 000	1 600	2 500
>180~250	4.5	7	10	14	20	29	46	72	115	185	290	460	720	1 150	1 850	2 900
>250~315	6	8	12	16	23	32	52	81	130	210	320	520	810	1 300	2 100	3 200
>315~400	7	9	13	18	25	36	57	89	140	230	360	570	890	1 400	2 300	3 600
>400~500	8	10	15	20	27	40	63	97	155	250	400	630	970	1 550	2 500	4 000

表6-15　基孔制极限偏差数值　　　μm

基本尺寸 /mm		孔公差带				轴公差带														
		H				h				k		m		n		p		r		s	u
大于	至	6	7	8	9	5	6	7	8	6	7	6	7	6	7	6	7	6	7	6	7	6
—	3	+6 0	+10 0	+14 0	+25 0	0 −4	0 −6	0 −10	0 −14	+6 0	+10 0	+8 +2	+12 +2	+10 +4	+14 +4	+12 +6	+16 +6	+16 +10	+20 +10	+20 +14	+24 +14	+28 +18
3	6	+8 0	+12 0	+18 0	+30 0	0 −5	0 −8	0 −12	0 −18	+9 +1	+13 +1	+12 +4	+16 +4	+16 +8	+20 +8	+20 +12	+24 +12	+23 +15	+27 +15	+27 +19	+31 +19	+31 +19
6	10	+9 0	+15 0	+22 0	+36 0	0 −6	0 −9	0 −15	0 −22	+10 +1	+16 +1	+15 +6	+21 +6	+19 +10	+25 +10	+24 +15	+30 +15	+28 +19	+34 +19	+32 +23	+36 +23	+38 +23

续表

（表中每格数值为：上偏差 / 下偏差）

基本尺寸/mm 大于	至	H	H	H	H	h	h	h	h	k	k	m	m	n	n	p	p	r	r	s	s	u
10	14	+11/0	+18/0	+27/0	+43/0	0/−8	0/−11	0/−18	0/−27	+12/+1	+19/+1	+18/+7	+25/+7	+23/+12	+30/+12	+29/+18	+36/+18	+34/+23	+41/+23	+39/+28	+46/+28	+46/+28
14	18																					
18	24	+13/0	+21/0	+32/0	+52/0	0/−9	0/−13	0/−21	0/−33	+15/+2	+23/+2	+21/+8	+29/+8	+28/+15	+36/+15	+35/+22	+43/+22	+41/+28	+49/+28	+48/+35	+56/+35	+62/+41
24	30																					
30	40	+16/0	+26/0	+39/0	+62/0	0/−11	0/−16	0/−25	0/−39	+18/+2	+27/+2	+25/+9	+34/+9	+33/+17	+42/+17	+42/+26	+51/+26	+50/+34	+59/+34	+59/+43	+68/+43	+73/+48
40	50																					+79/+54
50	65	+19/0	+30/0	+46/0	+74/0	0/−13	0/−19	0/−30	0/−46	+21/+2	+32/+2	+30/+11	+41/+11	+39/+20	+50/+20	+51/+32	+62/+32	+60/+41	+71/+41	+72/+53	+83/+53	+106/+87
65	80																	+62/+43	+73/+43	+78/+59	+89/+59	+121/+102
80	100	+22/0	+35/0	+54/0	+87/0	0/−15	0/−22	0/−35	0/−54	+25/+3	+38/+3	+35/+13	+48/+13	+45/+23	+58/+23	+59/+37	+72/+37	+73/+51	+86/+51	+93/+71	+106/+71	+146/+124
100	120																	+76/+54	+89/+54	+101/+79	+114/+79	+159/+144
120	140	+25/0	+40/0	+63/0	+100/0	0/−18	0/−25	0/−40	0/−63	+28/+3	+43/+3	+40/+15	+55/+15	+52/+27	+67/+27	+68/+43	+83/+43	+88/+63	+103/+63	+117/+92	+132/+92	+188/+170
140	160																	+90/+65	+105/+65	+125/+100	+140/+100	+215/+190
160	180																	+93/+68	+108/+68	+133/+108	+148/+108	+228/+210
180	200	+29/0	+46/0	+72/0	+115/0	0/−20	0/−29	0/−46	0/−72	+33/+4	+50/+4	+46/+17	+63/+17	+60/+31	+77/+31	+79/+50	+96/+50	+106/+77	+123/+77	+151/+122	+168/+122	+265/+236
200	225																	+109/+80	+126/+80	+159/+130	+176/+130	+287/+258
225	250																	+113/+84	+130/+84	+169/+140	+186/+140	+304/+284
250	280	+32/0	+52/0	+81/0	+130/0	0/−23	0/−32	0/−52	0/−81	+36/+4	+56/+4	+52/+20	+72/+20	+66/+34	+86/+34	+88/+56	+108/+56	+126/+94	+146/+94	+180/+158	+210/+158	+338/+315
280	315																	+130/+98	+150/+98	+202/+170	+220/+170	+382/+350
315	355	+36/0	+57/0	+89/0	+140/0	0/−25	0/−35	0/−57	0/−89	+40/+4	+61/+4	+57/+21	+78/+21	+73/+37	+94/+37	+108/+62	+131/+62	+144/+108	+165/+108	+226/+190	+247/+190	+415/+390
355	400																	+150/+114	+171/+114	+244/+208	+256/+208	+460/+435
400	450	+40/0	+63/0	+97/0	+155/0	0/−27	0/−40	0/−63	0/−97	+45/+5	+68/+5	+63/+23	+86/+23	+80/+40	+103/+40	+108/+68	+131/+68	+166/+126	+189/+126	+272/+232	+295/+232	+517/+490
450	500																	+172/+132	+195/+132	+292/+252	+319/+252	+567/+540

表 6-16　冲压常用公差配合

配合性质		应用范围
间隙配合	H6/h5	Ⅰ级精度模架导柱与导套的配合
	H7/h6	Ⅱ级精度模架导柱与导套的配合,凸模与固定板、导正销与孔的配合
	H8/d9	活动挡料销、弹顶装置(弹性力作用线与活动件轴线重合时),销与销孔的配合
	H8/f9	始用挡料销、弹性侧压装置与导料板(导尺)的配合
	H9/h8	卸料螺钉和螺孔的配合
	H11/d11	活动挡料销与销孔的配合(当弹性力作用线与活动件轴线不重合时)
	H9/d11	模柄与压力机的配合
过渡配合	H6/m5	导套或衬套与模座的配合,小凸模、小凹模与固定板的配合
	H7/m6	凸模与固定板、模柄与模座孔的配合
	H7/n6	模柄与模座的配合,销钉与销钉孔的配合,凸凹模与固定板的配合
过盈配合	H7/h5	Ⅰ级精度模架导柱与模座的配合
	H7/s6	Ⅱ级精度模架导柱与模座的配合
	H6/r5	Ⅰ级精度模架导套与模座的配合
	H7/r6	Ⅱ级精度模架导套与模座的配合,凹模与固定板的配合

表 6-17　冲模各零件表面粗糙度特征及应用范围

表面粗糙度 $Ra/\mu m$	表面微观特征	加工方法	应用范围
0.1	暗光泽面	精磨、研磨、普通抛光	1. 精冲刃口部分 2. 冷挤压模凸、凹模关键部分 3. 滑动导柱工作表面
0.2	不可辨加工痕迹方向	精磨、研磨	1. 要求高的凸、凹模的成型面 2. 导套工作表面
0.4	微辨加工痕迹方向	精铰、精镗、磨、刮	1. 冲裁模刃口 2. 拉深、成型、压弯的凸、凹模工作表面 3. 滑动和精确导向表面
0.8	可辨加工痕迹方向	车、镗、磨、电加工	1. 凸、凹模工作表面、镶块的合面 2. 模板、垫板、固定板的上下表面 3. 静配合和过渡配合的表面 4. 要求准确的工艺基准面
1.6	看不清加工痕迹	车、铣、镗磨、电加工	1. 模板平面 2. 导料销、顶板等零件主要工作表面 3. 凸、凹模的次要表面 4. 非热处理零件配合用内表面
3.2	微见加工痕迹	车、刨、铣、镗	1. 不磨削加工的支承面、定位面和紧固表面 2. 卸料螺钉支承表面
6.3	可见加工痕迹	车、刨、铣、镗、锉、钻	不与制件或其他冲模零件接触的表面
12.5	有明显可见的刀痕		粗糙的不重要表面
不加工		铸、锻、焊	不需机械加工的表面

6.1.4 冲模常用材料及热处理要求

表6-18 和表6-19 为部分冲模常用材料及热处理要求。由于用于制造凸、凹模的材料均为工具钢,价格较为昂贵,且加工困难,因此常根据凸、凹模的工作条件和制件生产批量的大小而选用最适宜的材料。

表6-18 冲模工作零件常用材料及热处理要求

模具类型		冲件情况及对模具工作零件的要求	选用材料		热处理硬度/HRC	
			牌号	标准号	凸模	凹模
冲裁模	I	形状简单、精度较低、冲裁厚度≤3 mm、批量中等	T10A	GB 1298	56~60	—
		带台肩的、快换式的凸凹模和形状简单的镶块	9Mn2V	GB 1299	—	60~64
	II	冲裁厚度≤3 mm、形状复杂的镶块	9CrSi CrWMn	GB 1299	56~62	60~64
		冲裁厚度>3 mm、形状复杂的镶块	Cr12 Cr12MoV			
	III	要求耐磨、高寿命	Cr12MoV	GB 1299	56~62	60~64
			YG15 YG20	YG 849	—	—
	IV	冲薄材料用的凹模	T10A	GB 1298	—	—
弯曲模	I	一般弯曲的凸、凹模及镶块	T10A	GB 1298	56~62	
	II	形状复杂、高度耐磨的凸、凹模及镶块	CrWMn Cr12 Cr12MoV	GB 1299	60~64	
		生产批量特别大	YG15	YG 849	—	
	III	加热弯曲	5CrNiMo 5CrNiTi 5CrMnMo	GB 1299	52~56	
拉深模	I	一般拉深	T10A	GB 1298	56~60	60~62
	II	形状复杂、高度耐磨	Cr12 Cr12MoV	GB 1299	58~62	60~64
	III	生产批量特别大	Cr12MoV W18Cr4V	GB 1299	58~62	60~64
			YG10 YG15	YG 849	—	—
	IV	变薄拉深凸模	Cr12MoV	GB 1299	58~62	
		变薄拉深凹模	Cr12MoV W18Cr4V	GB 1299	—	60~64
			YG10 YG15	YG 849	—	
	V	加热拉深	5CrNiTi	GB 1299	52~56	

续表

模具类型		冲件情况及对模具工作零件的要求	选用材料		热处理硬度/HRC	
			牌号	标准号	凸模	凹模
大型拉深模	I	中小批量	HT200	GB 9439	—	
			QT200-2	GB 1348	197~269HB	
	II	大批量	镍铬铸铁		火焰淬硬 40~45	
			铬铬铸铁		火焰淬硬 50~55	
			钼钒铸铁		火焰淬硬 50~55	
冷挤压模	I	挤压铝、锌等有色金属	T10A	GB 1298	61 或更高	58~62
			Cr12	GB 1299		
			Cr12Mo			
	II	挤压黑色金属	Cr12MoV		61 以上	58~62
			Cr12Mo	GB 1299		
			W18Cr4V			

表 6-19 冲模一般零件常用材料及热处理要求

零件名称	选用材料牌号	标准号	硬度/HRC
上、下模座	HT200	GB 9439	—
模柄	Q235	GB 700	—
导柱	20	GB 699	58~62 渗碳
导套	20	GB 699	58~62 渗碳
凸凹模固定板	45,Q235	GB 699,GB 700	—
承料板	Q235	GB 700	—
卸料板	45,Q235	GB 700,GB 699	—
导料板	45,Q235	GB 700,GB 699	(45)28~32
挡料销	45	GB 699	43~48
导正销	T8A,9Mn2V	GB 1298,GB 1299	50~54,56~60
垫板	45	GB 699	43~48
螺钉	45	GB 699	头部43~48
销钉	45	GB 699	43~48
推杆、顶杆	45	GB 699	43~48
顶板	45	GB 699	43~48
拉深模压边圈	T8A,45	GB 1298,GB 1299	54~58,43~48
螺母、垫圈、螺塞	Q235	GB 700	—
定距侧刃、废料切刀	T10A	GB 1298	58~62
侧刃挡块	T8A	GB 1298	56~60
楔块与滑块	T8A	GB 1298	54~58
弹簧	65Mn	GB 1222	44~50

6.1.5　常用压力机主要技术规格

常用压力机的技术规格见表 6-20 至表 6-23。

表 6-20　开式双柱可倾压力机技术规格

型　号		J23-3.15	J23-6.3	J23-10	J23-16	J23-16B	J23-25	JC23-35	JH23-40	JG23-40	JB23-63	J23-80	J23-100	JA23-100	J23-100A	J23-125
公称压力/kN		31.5	63	100	160	160	250	350	400	400	630	800	1 000	1 000	1 000	1 250
滑块行程/mm		25	35	45	55	70	65	80	80	100	100	130	130	150	16～140	145
滑块行程次数/(次/min)		200	170	145	120	120	55	50	55	80	40	45	38	38	45	38
最大封闭高度/mm		120	150	180	220	220	270	280	330	300	400	380	480	430	400	480
封闭高度调节量/mm		25	35	35	45	60	55	60	65	80	80	90	100	120	100	110
滑块中心线至床身距离/mm		90	110	110	160	160	200	205	250	220	310	290	380	380	320	380
立柱距离/mm		120	150	180	220	220	270	300	340	300	420	380	530	530	420	530
工作台尺寸/mm	前后	160	200	240	300	300	370	380	460	420	570	540	710	710	600	710
	左右	250	310	370	450	450	560	610	700	630	860	800	1 080	1 080	900	1 080
工作台孔尺寸/mm	前后	90	110	130	160	110	200	200	250	150	310	230	380	405	250	340
	左右	120	160	200	240	210	290	290	360	300	450	360	560	500	420	500
	直径	110	140	170	210	160	260	260	320	200	400	280	500	470	320	450
垫板尺寸/mm	厚度	30	30	35	40	60	50	60	65	80	80	100	100	100	110	100
	直径															250
模柄孔尺寸/mm	直径	25	30	30	40	40	40	50	50	50	50	60	60	76	60	60
	深度	40	55	55	60	60	60	70	70	70	70	80	75	76	80	80
滑块底面尺寸/mm	前后	90				180	190	260	230	360	350	360			350	
	左右	100				200	210	300	300	400	370	430			540	
床身最大可倾角		45°	45°	35°	35°	35°	30°	20°	30°	30°	25°	30°	30°	20°	30°	25°

表 6-21　闭式单点压力机技术规格

型　号		JA31-160B	J31-250	J31-315
公称压力/kN		1 600	2 500	3 150
滑块行程/mm		160	315	315
公称压力行程/mm		8.16	10.4	10.5
滑块行程次数/(次/min)		32	20	20
最大封闭高度/mm		375	490	490
封闭高度调节量/mm		120	200	200
工作台尺寸/mm	前后	790	950	1 100
	左右	710	1 000	1 100
导轨距离/mm		590	900	930

续表

型　号	JA31 - 160B	J31 - 250	J31 - 315
滑块底面尺寸/mm	560	850	960
拉伸垫行程/mm		150	160
拉伸垫压力/kN　压紧		400	500
拉伸垫压力/kN　顶出		70	76

表 6-22　单柱固定台压力机技术规格

型　号		J11 - 3	J11 - 5	J11 - 16	J11 - 50	J11 - 100
公称压力/kN		30	50	160	500	1 000
滑块行程/mm		0 ~ 40	0 ~ 40	6 ~ 70	10 ~ 90	20 ~ 100
滑块行程次数/(次/min)		110	150	120	65	65
最大封闭高度/mm			170	226	270	320
封闭高度调节量/mm		30	30	45	75	85
滑块中心线至床身距离/mm		95	180	320	440	600
工作台尺寸/mm	前后	165	180	320	440	600
工作台尺寸/mm	左右	300	320	450	650	800
垫板厚度/mm		30	50	70	100	
模柄孔尺寸/mm	直径	25	25	40	50	60
模柄孔尺寸/mm	深度	30	40	55	80	80

表 6-23　开式双柱固定台压力机技术规格

型　号		JA21 - 35	JD21 - 100	JA21 - 160	J21 - 400A
公称压力/kN		350	1 000	1 600	4 000
滑块行程/mm		130	10 ~ 120	160	200
滑块行程次数/(次/min)		50	75	40	25
最大封闭高度/mm		280	400	450	550
封闭高度调节量/mm		60	85	130	150
滑块中心线至床身距离/mm		205	325	380	480
立柱距离/mm		428	480	530	896
工作台尺寸/mm	前后	380	600	710	900
工作台尺寸/mm	左右	610	1 000	1 120	1 400
工作台孔尺寸/mm	前后	200	300		480
工作台孔尺寸/mm	左右	290	420		750
工作台孔尺寸/mm	直径	260		460	600
垫板尺寸/mm	厚度	60	100	130	170
垫板尺寸/mm	直径	22.5	200		300

续表

型 号		JA21 – 35	JD21 – 100	JA21 – 160	J21 – 400A
模柄孔尺寸/mm	直径	50	60	70	100
	深度	70	80	80	120
滑块底面尺寸/mm	前后	210	380	460	
	左右	270	500	650	

6.2 冲模常用的标准零件

6.2.1 橡胶的选用

橡胶允许承受的载荷较大,占据的空间较小,安装调整比较灵活方便,而且成本低,是中小型冷冲模弹性卸料、顶件及压边的常用弹性元件。

选用橡胶时,应主要确定其自由高度、预压缩量及截面积。其计算公式及步骤见表6-24。

表6-24 卸料橡胶计算公式

序号	计算步骤及计算公式	说 明
1	确定自由高度 H_0: $$H_0 = \frac{H_{\text{工}} + H_{\text{修磨}}}{0.25 \sim 0.3}$$	$H_{\text{工}}$——冲模的工作行程(mm),对冲裁模而言,$H_{\text{工}} = t + 1$ $H_{\text{修磨}}$——预留的修磨量,一般取 $5 \sim 10$ mm
2	确定 $H_{\text{预}}$ 和 $H_{\text{装}}$: $$H_{\text{预}} = (0.10 \sim 0.15)H_0$$ $$H_{\text{装}} = H_{\text{自}} - H_{\text{预}}$$	$H_{\text{预}}$——橡胶的预压缩量 $H_{\text{装}}$——冲模装配好以后橡胶的高度
3	确定橡胶的横截面面积(mm^2): $$A = \frac{F}{p}$$	F——所需卸料力(N) p——橡胶在预压缩状态下的单位压力,$0.26 \sim 0.5$ MPa

6.2.2 弹簧的选用

常用的圆柱螺旋压缩弹簧和碟形弹簧,可按表6-25至表6-27选用。

表 6-25　圆柱螺旋压缩弹簧

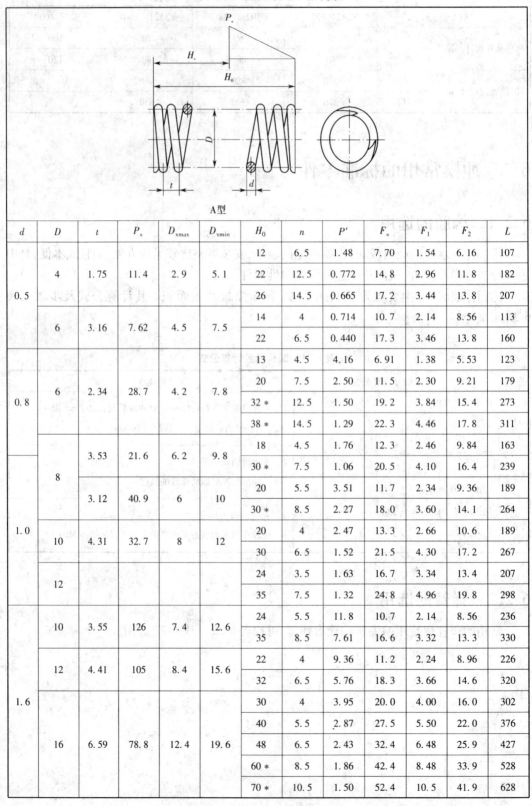

A型

d	D	t	P_s	D_{xmax}	D_{xmin}	H_0	n	P'	F_s	F_1	F_2	L
0.5	4	1.75	11.4	2.9	5.1	12	6.5	1.48	7.70	1.54	6.16	107
						22	12.5	0.772	14.8	2.96	11.8	182
						26	14.5	0.665	17.2	3.44	13.8	207
	6	3.16	7.62	4.5	7.5	14	4	0.714	10.7	2.14	8.56	113
						22	6.5	0.440	17.3	3.46	13.8	160
0.8	6	2.34	28.7	4.2	7.8	13	4.5	4.16	6.91	1.38	5.53	123
						20	7.5	2.50	11.5	2.30	9.21	179
						32 *	12.5	1.50	19.2	3.84	15.4	273
						38 *	14.5	1.29	22.3	4.46	17.8	311
1.0	8	3.53	21.6	6.2	9.8	18	4.5	1.76	12.3	2.46	9.84	163
						30 *	7.5	1.06	20.5	4.10	16.4	239
		3.12	40.9	6	10	20	5.5	3.51	11.7	2.34	9.36	189
						30 *	8.5	2.27	18.0	3.60	14.1	264
	10	4.31	32.7	8	12	20	4	2.47	13.3	2.66	10.6	189
						30	6.5	1.52	21.5	4.30	17.2	267
	12					24	3.5	1.63	16.7	3.34	13.4	207
						35	7.5	1.32	24.8	4.96	19.8	298
1.6	10	3.55	126	7.4	12.6	24	5.5	11.8	10.7	2.14	8.56	236
						35	8.5	7.61	16.6	3.32	13.3	330
	12	4.41	105	8.4	15.6	22	4	9.36	11.2	2.24	8.96	226
						32	6.5	5.76	18.3	3.66	14.6	320
	16	6.59	78.8	12.4	19.6	30	4	3.95	20.0	4.00	16.0	302
						40	5.5	2.87	27.5	5.50	22.0	376
						48	6.5	2.43	32.4	6.48	25.9	427
						60 *	8.5	1.86	42.4	8.48	33.9	528
						70 *	10.5	1.50	52.4	10.5	41.9	628

续表

2.0	12	4.11	192	8	16	24	4.5	20.3	9.48	1.90	7.58	245
						35	7.5	12.2	15.8	3.16	12.6	358
	16	5.74	144	12	20	28	4	9.46	15.0	3.00	12.0	302
						38	5.5	7.01	20.6	4.12	16.5	377
						48	7.5	5.14	28.1	5.62	22.5	478
						55	8.5	4.54	31.8	6.36	25.4	528
						65 *	10.5	3.67	39.3	7.86	31.4	729
						75 *	12.5	3.09	46.8	9.36	37.4	729
	18	6.74	128	14	22	55	7.5	3.61	35.5	7.10	28.4	537
						65	8.5	3.19	40.3	8.06	32.2	549
						75 *	10.5	2.58	49.8	9.96	39.8	707
	20	7.85	115	15	25	40	4.5	4.39	26.3	5.26	21.0	408
						48	5.5	3.59	32.2	6.44	25.8	471
						65	7.5	2.63	43.9	8.78	35.1	597
						75 *	8.5	2.32	49.7	9.94	39.8	660
						90 *	10.5	1.88	61.4	12.3	49.1	785
	20	7.85	115	15	25	120 *	14.5	1.36	84.8	17.0	67.8	1 037
2.5	16	5.40	273	11.5	20.5	30	4.5	20.9	13.0	2.60	10.4	327
						40	6.5	14.5	18.8	3.76	15.0	427
						48	7.5	12.6	21.5	4.34	17.4	478
						65 *	10.5	8.97	30.4	6.08	24.3	628
						75 *	12.5	7.53	36.2	7.24	29.0	729
	22	7.98	198	16.5	27.5	38	4	9.06	21.9	4.38	17.5	415
						50	5.5	6.59	30.1	6.02	24.1	518
						58	6.5	5.57	35.7	7.12	28.5	587
						65	7.5	4.83	41.1	8.22	32.9	657
						75	8.5	4.26	46.5	9.30	37.2	726
						90 *	10.5	3.45	57.5	11.5	46.0	864
3.0	16	5.33	454	11	21	45	7.5	26.0	17.4	3.48	13.9	478
						52	8.5	23.0	19.8	3.96	15.8	528
						65 *	10.5	18.6	24.4	4.88	19.5	628
						75 *	12.5	15.6	29.1	5.82	23.3	729
	18	5.94	403	13	23	35	4.5	30.5	13.2	2.64	10.6	368
						45	6.5	21.1	19.1	3.82	15.3	481
						58	8.5	16.1	25.0	5.00	20.0	594
						70 *	10.5	13.1	30.9	6.18	24.7	707

						32	4	63.5	9.75	1.95	7.80	340
	18	5.94	619	12.5	23.5	40	5.5	46.2	13.4	2.68	10.7	424
						52	7.5	33.9	18.3	3.66	14.6	537
						38	4.5	41.2	13.5	2.70	10.8	408
3.5	20	6.51	557	13.5	26.5	50	6.5	28.5	19.6	3.92	15.7	534
						58	7.5	24.7	22.6	4.52	18.1	597
						75 *	10.5	17.6	31.6	6.32	25.3	785
						38	4	34.8	14.6	2.92	11.7	415
	22	7.14	506	15.5	28.5	48	5.5	25.3	20.2	4.00	16.0	518
						62	7.5	18.6	27.3	5.46	21.8	657
						70	8.5	16.4	30.9	6.18	24.7	726
						45	5.5	57.5	14.5	2.90	11.6	471
	20	6.63	831	13	27	58	7.5	42.5	19.7	3.94	15.8	597
						65	8.5	37.2	22.4	4.48	17.9	660
						80 *	10.5	30.1	27.6	5.52	22.1	785
						48	5.5	57.5	17.5	3.50	14.0	518
	22	7.18	756	15	29	55	6.5	48.6	20.7	4.14	16.6	587
						70	8.5	37.2	27.1	5.42	21.7	726
						85 *	10.5	30.1	33.4	6.68	26.7	864
4.0						45	4.5	36.0	18.5	3.70	14.8	511
	25	8.11	665	18	32	55	5.5	29.4	22.6	4.52	18.1	589
						70	7.5	21.6	30.9	6.18	24.7	746
	25	8.11	665	18	32	80	8.5	19.0	35.0	7.00	28.0	825
						85	7.5	12.5	44.4	8.88	35.5	895
	30	9.92	554	23	37	95 *	8.5	11.0	50.3	10.1	40.2	990
						115 *	10.5	8.92	62.2	12.4	49.8	1 178
						140 *	12.5	7.49	74.0	14.8	59.2	1 367
						42	4	64.8	14.6	2.92	11.7	471
	25	8.16	947	17.5	32.5	55	5.5	47.1	20.1	4.02	16.1	589
						60	6.5	39.9	23.8	4.75	19.0	668
4.5						70	7.5	34.6	27.4	5.48	21.9	746
						45	3.5	42.9	18.4	3.68	14.7	518
	30	9.76	789	22.5	37.5	52	4.5	33.3	23.7	4.74	18.9	613
						65	5.5	27.3	28.9	5.79	23.2	707
						80	7.5	20.2	39.5	7.89	31.6	895

续表

						55	5.5	71.8	18.1	3.62	14.5	589
	25	8.29	1 299	17	33	65	6.5	60.8	21.4	4.28	17.1	668
						70	7.5	52.7	24.7	4.93	19.7	746
						80	8.5	46.5	28.0	5.59	22.4	825
5.0						50	4	57.1	18.9	3.79	15.2	565
	30	9.74	1 083	22	38	65	5.5	41.6	26.1	5.21	20.8	707
						75	6.5	35.2	30.8	6.16	24.6	801
						85	7.5	30.5	35.5	7.10	28.4	895
						60	4.5	32.0	29.0	5.80	23.2	715
	35	11.5	928	26	44	75	5.5	26.2	35.5	7.09	28.4	825
						85	6.5	22.1	41.9	8.38	33.5	935
						95	7.5	19.2	48.4	9.67	38.7	1 045

注:1. 材料为65Mn、60Si2Mn,热处理硬度为40~48HRC,表面磷化处理。

2. 带"*"的细长比大于3.7,应考虑设置芯轴或套筒。

表6-26 碟形弹簧

类别	D	d	$t(t')$	h_0	H_0	P	f	H_0-f	σ_{OM}	σ_{II}、σ_{III}	Q
						N	$f\approx0.75H_0$		MPa	MPa	kg/1 000 件
系列A $D/t\approx18$;$h_0/t\approx0.4$;$E=206\,000$ MPa;$\mu=0.3$											
1	18	9.2	1	0.4	1.4	1 250	0.3	1.1	−1 170	1 300	1.480
2	25	12.2	1.5	0.55	2.05	2 910	0.41	0.64	−1 210	1 410	4.400
	31.5	16.3	1.75	0.7	2.45	3 900	0.53	1.92	−1 190	1 310	7.84
	35.5	18.3	2	0.8	2.8	5 190	0.6	2.2	−1 210	1 330	11.40
	40	20.4	2.25	0.9	3.15	6 540	0.68	2.47	−1 210	1 340	16.40
	45	22.4	2.5	1	3.5	7 720	0.75	2.75	−1 150	1 300	23.50
	50	25.4	3	1.1	4.1	12 000	0.83	3.27	−1 250	1 430	34.30
系列B $D/t\approx28$;$h_0/t\approx0.75$;$E=206\,000$ MPa;$\mu=0.3$											
1	18	9.2	0.7	0.5	1.2	572	0.38	0.82	−1 040	1 130	1.030
	25	12.2	0.9	0.7	1.6	868	0.53	1.07	−938	1 030	2.640

续表

2	31.5	16.3	1.25	0.9	2.15	1 920	0.68	1.47	-1 090	1 190	5.600
	35.5	18.3	1.25	1	2.25	1 700	0.75	1.5	-994	1 070	7.130
	40	20.4	1.5	1.15	2.65	2 620	0.86	1.79	-1 020	1 130	10.95
	45	22.4	1.75	1.3	3.05	3 660	0.98	2.07	-1 050	1 150	16.40
	50	25.4	2	1.4	3.4	4 760	1.05	2.35	-1 060	1 140	22.90

系列 C　$D/t \approx 40$；$h_0/t \approx 1.3$；$E = 206\,000$ MPa；$\mu = 0.3$

1	18	9.2	0.45	0.6	1.05	214	0.45	0.6	-789	1 110	0.661
	25	12.2	0.7	0.9	1.6	601	0.68	0.92	-936	1 270	2.060
	31.5	16.3	0.8	1.05	1.85	687	0.79	1.06	-810	1 130	3.580
	35.5	18.3	0.9	1.15	2.05	831	0.86	1.19	-779	1 080	5.140
	40	20.4	1	1.3	2.3	1 020	0.98	1.32	-772	1 070	7.30
2	45	22.4	1.25	1.6	2.85	1 890	1.2	1.65	-920	1 250	11.70
	50	22.4	1.25	1.6	2.85	1 550	1.2	1.65	-754	1 040	14.30

注：材料为60Si2MnA或50CrVA,硬度为42~52HRC。

表 6-27　碟形弹簧的主要计算公式

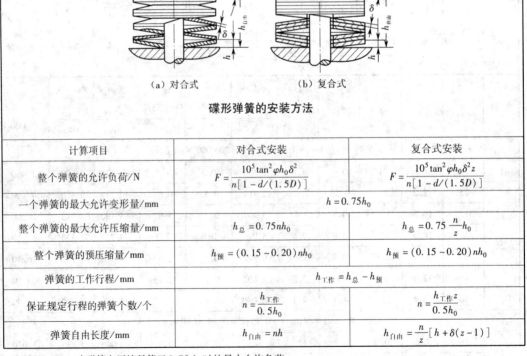

（a）对合式　　　　（b）复合式

碟形弹簧的安装方法

计算项目	对合式安装	复合式安装
整个弹簧的允许负荷/N	$F = \dfrac{10^5 \tan^2\varphi\, h_0 \delta^2}{n[1 - d/(1.5D)]}$	$F = \dfrac{10^5 \tan^2\varphi\, h_0 \delta^2 z}{n[1 - d/(1.5D)]}$
一个弹簧的最大允许变形量/mm	$h = 0.75 h_0$	
整个弹簧的最大允许压缩量/mm	$h_{总} = 0.75 n h_0$	$h_{总} = 0.75\,\dfrac{n}{z} h_0$
整个弹簧的预压缩量/mm	$h_{预} = (0.15 \sim 0.20) n h_0$	$h_{预} = (0.15 \sim 0.20) n h_0$
弹簧的工作行程/mm	$h_{工作} = h_{总} - h_{预}$	
保证规定行程的弹簧个数/个	$n = \dfrac{h_{工作}}{0.5 h_0}$	$n = \dfrac{h_{工作}\, z}{0.5 h_0}$
弹簧自由长度/mm	$h_{自由} = n h$	$h_{自由} = \dfrac{n}{z}[h + \delta(z-1)]$

注：F——一个弹簧在压缩量等于 $0.75\,h_0$ 时的最大允许负荷；

　　h_0——弹簧的极限行程(mm)；

　　n——装置中一组弹簧的总数；

z——组合弹簧中每叠的弹簧数(图(b)中 $z=3$);

h——一个弹簧的高度(mm);

δ——弹簧板厚度(mm), $\tan\varphi=\dfrac{2(h-\delta)}{D-d}$。

6.2.3　冲模常用螺钉与销钉

冲模零件的连接与紧固常用圆柱头内六角螺钉和开槽沉头螺钉(表6-28和表6-29),零件的定位常用圆柱销(表6-30)。

表6-28　圆柱头内六角螺钉

螺纹			M4	M5	M6	M8	M10	M12	M16	M20
螺距 p			0.7	0.8	1	1.25	1.5	1.75	2	2.5
$b_{参考}$			20	22	24	28	32	36	44	52
d_k	max	3	7.00	8.50	10.00	13.00	16.00	18.00	24.00	30.00
		4	7.22	8.72	10.22	13.27	16.27	18.27	24.33	30.33
	min		6.78	8.28	9.78	12.73	15.73	17.73	23.67	29.67
d_a	max		4.7	5.7	6.8	9.2	11.2	13.7	17.7	22.4
d_s	max		4.00	5.00	6.00	8.00	10.00	12.00	16.00	20.00
	min		3.82	4.82	5.82	7.78	9.78	11.73	15.73	19.67
e	min		3.44	4.58	5.72	6.86	9.15	11.43	16	19.44
l_f	max		0.6	0.6	0.68	1.02	1.02	1.45	1.45	2.04
k	max		4.00	5.00	6.0	8.00	10.00	12.00	16.00	20.00
	min		3.82	4.82	5.7	7.64	9.64	11.57	15.57	19.48
r	min		0.2	0.2	0.25	0.4	0.4	0.6	0.6	0.8
S	公称		4	5	6	8	10	12	16	20
	max	6	3.071	4.084	5.084	6.095	8.115	10.115	14.142	17.23
		7	3.080	4.095	5.140	6.140	8.175	10.175	14.212	
	min		3.020	4.020	5.020	6.020	8.025	10.025	14.032	17.05
t	min		2	2.5	3	4	5	6	8	10
v	max		0.4	0.5	0.6	0.8	1	1.2	1.6	2
d_w	min		6.53	8.03	9.38	12.33	15.33	17.23	23.17	28.87
w	min		1.4	1.9	2.3	3.3	4	4.8	6.8	8.6

续表

L(长度系列)	6,8,10,12,16,20,25,30,35,40	8,10,12,16,20,25,30,35,40,45,50	10,12,16,20,25,30,35,40,45,50,55,60	12,16,20,25,30,35,40,45,50,55,60,65,70,80	16,20,25,30,35,40,45,50,55,60,65,70,80,90,100	20,25,30,35,40,45,50,55,60,65,70,80,90,100,110,120	25,30,35,40,45,50,55,60,65,70,80,90,100,110,120,130,140,150,160	25,30,35,40,45,50,55,60,65,70,80,90,100,110,120,130,140,150,160,180,200

注:材料为 35 钢。

表 6-29　开槽沉头螺钉

螺纹规格 d			M4	M5	M6	M8	M10
螺距 p			0.7	0.8	1	1.25	1.5
a		max	1.4	1.6	2	2.5	3
b		min			38		
d_k	理论值	max	9.4	10.4	12.6	17.3	20
	实际值	max	8.40	9.30	11.30	15.80	18.30
		min	8.04	8.94	10.87	15.37	17.78
k		max	2.7	2.7	3.3	4.65	5
n	公称		1.2	1.2	1.6	2	2.5
		max	1.51	1.51	1.91	2.31	2.81
		min	1.26	1.26	1.66	2.06	2.56
r		max	1	1.3	1.5	2	2.5
t		max	1.3	1.4	1.6	2.3	2.6
		min	1.0	1.1	1.2	1.8	2.0
x		max	1.75	2	2.5	3.2	3.8
L(长度系列)			6,8,10,12,16,20,25,30,35,40	8,10,12,16,20,25,30,35,40,45,50	8,10,12,16,20,25,30,35,40,45,50,60	10,12,16,20,25,30,35,40,45,50,60,70,80	12,16,20,25,30,35,40,45,50,60,70,80

注:材料为 Q235。

表 6-30　圆柱销

d	2	2.5	3	4	5	6	8	10	12	16
c	0.35	0.4	0.5	0.63	0.8	1.2	1.6	2	2.5	3
L 的范围	5~20	5~24	6~30	6~40	8~50	10~60	12~80	16~95	20~140	24~180
L 的系列	5,6,8,10,12,14,16,18,20,22,24,26,28,30,32,35,40,45,50,55,60,65,70,75,80,85,90,95,100, 120,140,160,180,200										
标注方法	销 GB/T 119.1(d)×(公差等级)×(公称长度)										

注:材料为 Q235,35,45。

6.2.4　模具上螺钉孔的尺寸

(1)内六角螺钉通过孔的尺寸见表 6-31。

表 6-31　内六角螺钉通过孔尺寸

通过孔尺寸	螺钉						
	M6	M8	M10	M12	M16	M20	M24
d	7	9	11.5	13.5	17.5	21.5	25.5
D	11	13.5	16.5	19.5	25.5	31.5	37.5
H_{min}	3	4	5	6	8	10	12
H_{max}	25	35	45	55	75	85	95

(2)螺钉旋入的最小深度、窝座最小深度以及圆柱销配合长度如图 6-1 所示。

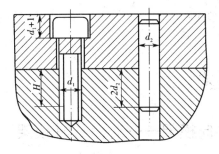

图 6-1　螺钉、圆柱销的配合长度

螺纹攻螺纹前钻孔直径:

当螺距 $p < 1$ mm 时

$$d_0 = d_m - p$$

当螺距 $p > 1$ mm 时

$$d_0 = d_m - (1.04 \sim 1.06)p$$

式中　d_0——钻孔直径(mm);

　　　d_m——螺纹标称直径(mm)。

装配卸料螺钉孔的尺寸见表 6-32。

表6-32 卸料螺钉孔的尺寸

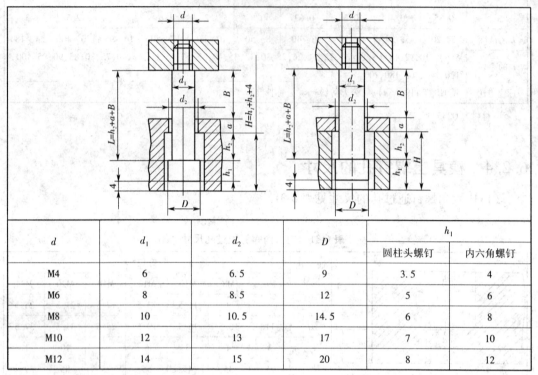

d	d_1	d_2	D	h_1	
				圆柱头螺钉	内六角螺钉
M4	6	6.5	9	3.5	4
M6	8	8.5	12	5	6
M8	10	10.5	14.5	6	8
M10	12	13	17	7	10
M12	14	15	20	8	12

注:$a_{min} = \frac{1}{2}d_1$,用垫板时其等于垫板厚度。

H 在扩孔情况下为 $h_1 + h_2 + 4$,如使用垫板时可全部打通。

h_2 表示卸料板行程。

B 表示弹簧(橡胶)压缩后的高度。

6.3 冲模标准模架

6.3.1 冲模滑动导向模架——对角导柱模架

对角导柱模架结构和尺寸规格见图6-2 和表6-33。

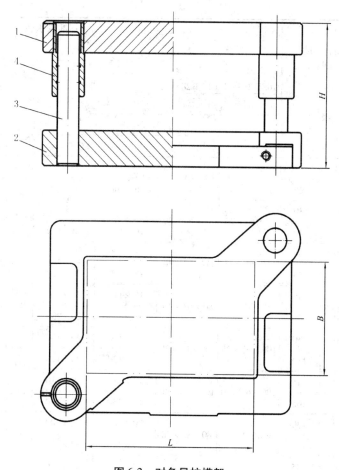

图 6-2　对角导柱模架

1—上模座;2—下模座;3—导柱;4—导套

表 6-33　对角导柱模架尺寸

mm

凹模周界		闭合高度 （参考） H		零件件号、名称及标准编号					
				1	2	3		4	
				上模座 GB/T 2855.1	下模座 GB/T 2855.2	导柱 GB/T 2861.1		导套 GB/T 2861.6	
				数　量					
L	B	最小	最大	1	1	1	1	1	1
				规　格					
63	50	100	115	$63 \times 50 \times 20$	$63 \times 50 \times 25$	16×90	18×90	$16 \times 60 \times 18$	$18 \times 60 \times 18$
		110	125			16×100	18×100		
		110	130	$63 \times 50 \times 25$	$63 \times 50 \times 30$	16×100	18×100	$16 \times 65 \times 23$	$18 \times 65 \times 23$
		120	140			16×110	18×110		

续表

凹模周界		闭合高度(参考) H		零件件号、名称及标准编号					
				1	2	3		4	
				上模座 GB/T 2855.1	下模座 GB/T 2855.2	导柱 GB/T 2861.1		导套 GB/T 2861.6	
				数　量					
				1	1	1	1	1	1
L	B	最小	最大	规　格					
63		100	115	63×63×20	63×63×25	16×90	18×90	16×60×18	18×60×18
		110	125			16×100	18×100		
		110	130	63×63×25	63×63×30	16×100	18×100	16×65×23	18×65×23
		120	140			16×110	18×110		
80	63	110	130	80×63×25	80×63×30	18×100	20×100	18×65×23	20×65×23
		130	150			18×120	20×120		
		120	145	80×63×30	80×63×40	18×110	20×110	18×70×28	20×70×28
		140	165			18×130	20×130		
100		110	130	100×63×25	100×63×30	18×100	20×100	18×65×23	20×65×23
		130	150			18×120	20×120		
		120	145	100×63×30	100×63×40	18×110	20×110	18×70×28	20×70×28
		140	165			18×130	20×130		
80		110	130	80×80×25	80×80×30	20×100	22×100	20×65×23	22×65×23
		130	150			20×120	22×120		
		120	145	80×80×30	80×80×40	20×110	22×110	20×70×28	22×70×28
		140	165			20×130	22×130		
100	80	110	130	100×80×25	100×80×30	20×100	22×100	20×65×23	22×65×23
		130	150			20×120	22×120		
		120	145	100×80×30	100×80×40	20×110	22×110	20×70×28	22×70×28
		140	165			20×130	22×130		
125		110	130	125×80×25	125×80×30	20×100	22×100	20×65×23	22×65×23
		130	150			20×120	22×120		
		120	145	125×80×30	125×80×40	20×110	22×110	20×70×28	22×70×28
		140	165			20×130	22×130		
100		110	130	100×100×25	100×100×30	20×100	22×100	20×65×23	22×65×23
		130	150			20×120	22×120		
	100	120	145	100×100×30	100×100×40	20×110	22×110	20×70×28	22×70×28
		140	165			20×130	22×130		
125		120	150	125×100×30	125×100×35	22×110	25×110	22×80×28	25×80×28
		140	165			22×130	25×130		

凹模周界		闭合高度（参考）H		零件件号、名称及标准编号					
				1	2	3		4	
				上模座 GB/T 2855.1	下模座 GB/T 2855.2	导柱 GB/T 2861.1		导套 GB/T 2861.6	
				数 量					
L	B	最小	最大	1	1	1	1	1	1
				规 格					
125	100	140	170	125×100×35	125×100×45	22×130	25×130	22×80×33	25×80×33
		160	190			22×150	25×150		
160		140	170	160×100×35	160×100×40	25×130	28×130	25×85×33	28×85×33
		160	190			25×150	28×150		
		160	195	160×100×40	160×100×50	25×150	28×150	25×90×38	28×90×38
		190	225			25×180	28×180		
200		140	170	200×100×35	200×100×40	25×130	28×130	25×85×33	28×85×33
		160	190			25×150	28×150		
		160	195	200×100×40	200×100×50	25×150	28×150	25×90×38	28×90×38
		190	225			25×180	28×180		
125	125	120	150	125×125×30	125×125×35	22×110	25×110	22×80×28	25×80×28
		140	165			22×130	25×130		
		140	170	125×125×35	125×125×45	22×130	25×130	22×85×33	25×85×33
		160	190			22×150	25×150		
160		140	170	160×125×35	160×125×40	25×130	28×130	25×85×33	28×85×33
		160	190			25×150	28×150		
		170	205	160×125×40	160×125×50	25×160	28×160	25×95×38	28×95×38
		190	225			25×180	28×180		
200		140	170	200×125×35	200×125×40	25×130	28×130	25×85×33	28×85×33
		160	190			25×150	28×150		
		170	205	200×125×40	200×125×50	25×160	28×160	25×95×38	28×95×38
		190	225			25×180	28×180		
250		160	200	250×125×40	250×125×45	28×150	32×150	28×100×38	32×100×38
		180	220			28×170	32×170		
		190	235	250×125×45	250×125×55	28×180	32×180	28×110×43	32×110×43
		210	255			28×200	32×200		

续表

凹模周界		闭合高度(参考) H		零件件号、名称及标准编号					
				1	2	3		4	
				上模座 GB/T 2855.1	下模座 GB/T 2855.2	导柱 GB/T 2861.1		导套 GB/T 2861.6	
				数　量					
				1	1	1	1	1	1
L	B	最小	最大	规　格					
160		160	200	160×160×40	160×160×45	28×150	32×150	28×100×38	32×100×38
		180	220			28×170	32×170		
		190	235	160×160×45	160×160×55	28×180	32×180	28×110×43	32×110×43
		210	255			28×200	32×200		
200	160	160	200	200×160×40	200×160×45	28×150	32×150	28×100×38	32×100×38
		180	220			28×170	32×170		
		190	235	200×160×45	200×160×55	28×180	32×180	28×110×43	32×110×43
		210	255			28×200	32×200		
250		170	210	250×160×45	250×160×50	32×160	35×160	32×105×43	35×105×43
		200	240			32×190	35×190		
		200	245	250×160×50	250×160×60	32×190	35×190	32×115×48	35×115×48
		220	265			32×210	35×210		
200	200	170	210	200×200×45	200×200×50	32×160	35×160	32×105×43	35×105×43
		200	240			32×190	35×190		
		200	245	200×200×50	200×200×60	32×190	35×190	32×115×48	35×115×48
		220	265			32×210	35×210		
250		170	210	250×200×45	250×200×50	32×160	35×160	32×105×43	35×105×43
		200	240			32×190	35×190		
		200	245	250×200×50	250×200×60	32×190	35×190	32×115×48	35×115×48
		220	265			32×210	35×210		
315		190	230	315×200×45	315×200×55	35×180	40×180	35×115×43	40×115×43
		220	260			35×210	40×210		
		210	255	315×200×50	315×200×65	35×200	40×200	35×125×48	40×125×48
		240	285			35×230	40×230		

续表

凹模周界		闭合高度（参考）H		零件件号、名称及标准编号					
				1	2	3		4	
				上模座 GB/T 2855.1	下模座 GB/T 2855.2	导柱 GB/T 2861.1		导套 GB/T 2861.6	
				数　量					
L	B	最小	最大	1	1	1	1	1	1
				规　格					
250		190	230	250×250×45	250×250×55	35×180	40×180	35×115×43	40×115×43
		220	260			35×210	40×210		
		210	255	250×250×50	250×250×65	35×200	40×200	35×125×48	40×125×48
		240	285			35×230	40×230		
315	250	215	250	315×250×50	315×250×60	40×200	45×200	40×125×48	45×125×48
		245	280			40×230	45×230		
		245	290	315×250×55	315×250×70	40×230	45×230	40×140×53	45×140×53
		275	320			40×260	45×260		
400		215	250	400×250×50	400×250×60	40×200	45×200	40×125×48	45×125×48
		245	280			40×230	45×230		
		245	280	400×250×55	400×250×70	40×230	45×230	40×140×53	45×140×53
		275	320			40×260	45×260		
315		215	250	315×315×50	315×315×60	45×200	50×200	45×125×48	50×125×48
		245	280			45×230	50×230		
		245	290	315×315×55	315×315×70	45×230	50×230	45×140×53	50×140×53
		275	320			45×260	50×260		
400	315	245	290	400×315×55	400×315×65	45×230	50×230	45×140×53	50×140×53
		275	315			45×260	50×260		
		275	320	400×315×60	400×315×75	45×260	50×260	45×150×58	50×150×58
		305	350			45×290	50×290		
500		245	290	500×315×55	500×315×65	45×230	50×230	45×140×53	50×140×53
		275	315			45×260	50×260		
		275	320	500×315×60	500×315×75	45×260	50×260	45×150×58	50×150×58
		305	350			45×290	50×290		

续表

凹模周界		闭合高度（参考）H		零件件号、名称及标准编号					
				1	2	3		4	
				上模座 GB/T 2855.1	下模座 GB/T 2855.2	导柱 GB/T 2861.1		导套 GB/T 2861.6	
				数 量					
L	B	最小	最大	1	1	1	1	1	1
				规 格					
400	400	245	290	400×400×55	400×400×65	45×230	50×230	45×140×53	50×140×53
		275	315			45×260	50×260		
		275	320	400×400×60	400×400×75	45×260	50×260	45×150×58	50×150×58
		305	350			45×290	50×290		
630	400	240	280	630×400×55	630×400×65	50×220	55×220	50×150×53	55×150×53
		270	305			50×250	55×250		
		270	310	630×400×65	630×400×80	50×250	55×250	50×160×63	55×160×63
		300	340			50×280	55×280		
500	500	260	300	500×500×55	500×500×65	50×240	55×240	50×150×53	55×150×53
		290	325			50×270	55×270		
		290	330	500×500×65	500×500×80	50×270	55×270	50×160×63	55×160×63
		320	360			50×300	55×300		

6.3.2 冲模滑动导向模架——后侧导柱模架

后侧导柱模架结构和尺寸规格见图6-3和表6-34。

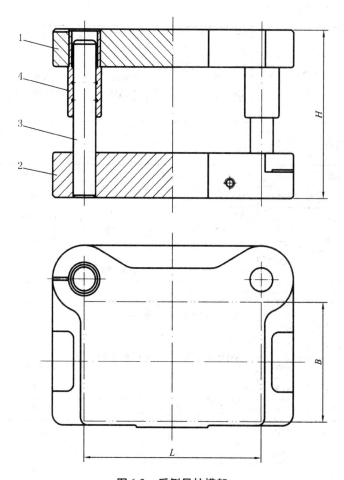

图 6-3　后侧导柱模架

1—上模座;2—下模座;3—导柱;4—导套

表 6-34　后侧导柱模架尺寸　　　　　　　　　　　　　　　　mm

凹模周界		闭合高度 （参考） H		零件件号、名称及标准编号			
				1	2	3	4
				上模座 GB/T 2855.1	下模座 GB/T 2855.2	导柱 GB/T 2861.1	导套 GB/T 2861.6
				数　量			
L	B	最小	最大	1	1	2	2
				规　格			
63	50	100	115	63×50×20	63×50×25	16×90	16×60×18
		110	125			16×100	
		110	130	63×50×25	63×50×30	16×100	16×65×23
		120	140			16×110	

凹模周界		闭合高度（参考）H		零件件号、名称及标准编号			
				1	2	3	4
				上模座 GB/T 2855.1	下模座 GB/T 2855.2	导柱 GB/T 2861.1	导套 GB/T 2861.6
				数　量			
				1	1	2	2
				规　格			
L	B	最小	最大				
63	63	100	115	63×63×20	63×63×25	16×90	16×60×18
		110	125			16×100	
		110	130	63×63×25	63×63×30	16×100	16×65×23
		120	140			16×110	
80	63	110	130	80×63×25	80×63×30	18×100	18×65×23
		130	150			18×120	
		120	145	80×63×30	80×63×40	18×110	18×70×28
		140	165			18×130	
100	63	110	130	100×63×25	100×63×30	18×100	18×65×23
		130	150			18×120	
		120	145	100×63×30	100×63×40	18×110	18×70×28
		140	165			18×130	
80	80	110	130	80×80×25	80×80×30	20×100	20×65×23
		130	150			20×120	
		120	145	80×80×30	80×80×40	20×110	20×70×28
		140	165			20×130	
100	80	110	130	100×80×25	100×80×30	20×100	20×65×23
		130	150			20×120	
		120	145	100×80×30	100×80×40	20×110	20×70×28
		140	165			20×130	
125	80	110	130	125×80×25	125×80×30	20×100	20×65×23
		130	150			20×120	
		120	145	125×80×30	125×80×40	20×110	20×70×28
		140	165			20×130	
100	100	110	130	100×100×25	100×100×30	20×100	20×65×23
		130	150			20×120	
		120	145	100×100×30	100×100×40	20×110	20×70×28
		140	165			20×130	
125	100	120	150	125×100×30	125×100×35	22×110	22×80×28
		140	165			22×130	

续表

凹模周界		闭合高度 （参考） H		零件件号、名称及标准编号			
				1	2	3	4
				上模座	下模座	导柱	导套
				GB/T 2855.1	GB/T 2855.2	GB/T 2861.1	GB/T 2861.6
				数　量			
L	B	最小	最大	1	1	2	2
				规　格			
125	100	140	170	$125 \times 100 \times 35$	$125 \times 100 \times 45$	22×130	$22 \times 80 \times 33$
		160	190			22×150	
160		140	170	$160 \times 100 \times 35$	$160 \times 100 \times 40$	25×130	$25 \times 85 \times 33$
		160	190			25×150	
		160	195	$160 \times 100 \times 40$	$160 \times 100 \times 50$	25×150	$25 \times 90 \times 38$
		190	225			25×180	
200		140	170	$200 \times 100 \times 35$	$200 \times 100 \times 40$	25×130	$25 \times 85 \times 33$
		160	190			25×150	
		160	195	$200 \times 100 \times 40$	$200 \times 100 \times 50$	25×150	$25 \times 90 \times 38$
		190	225			25×180	
125	125	120	150	$125 \times 125 \times 30$	$125 \times 125 \times 35$	22×110	$22 \times 80 \times 28$
		140	165			22×130	
		140	170	$125 \times 125 \times 35$	$125 \times 125 \times 45$	22×130	$22 \times 85 \times 33$
		160	190			22×150	
160		140	170	$160 \times 125 \times 35$	$160 \times 125 \times 40$	25×130	$25 \times 85 \times 33$
		160	190			25×150	
		170	205	$160 \times 125 \times 40$	$160 \times 125 \times 50$	25×160	$25 \times 95 \times 38$
		190	225			25×180	
200		140	170	$200 \times 125 \times 35$	$200 \times 125 \times 40$	25×130	$25 \times 85 \times 33$
		160	190			25×150	
		170	205	$200 \times 125 \times 40$	$200 \times 125 \times 50$	25×160	$25 \times 95 \times 38$
		190	225			25×180	
250		160	200	$250 \times 125 \times 40$	$250 \times 125 \times 45$	28×150	$28 \times 100 \times 38$
		180	220			28×170	
		190	235	$250 \times 125 \times 45$	$250 \times 125 \times 55$	28×180	$28 \times 110 \times 43$
		210	255			28×200	

凹模周界		闭合高度（参考）H		零件件号、名称及标准编号			
				1	2	3	4
				上模座 GB/T 2855.1	下模座 GB/T 2855.2	导柱 GB/T 2861.1	导套 GB/T 2861.6
				数　量			
				1	1	2	2
L	B	最小	最大	规　格			
160		160	200	160×160×40	160×160×45	28×150	28×100×38
		180	220			28×170	
		190	235	160×160×45	160×160×55	28×180	28×110×43
		210	255			28×200	
200	160	160	200	200×160×40	200×160×45	28×150	28×100×38
		180	220			28×170	
		190	235	200×160×45	200×160×55	28×180	28×110×43
		210	255			28×200	
250		170	210	250×160×45	250×160×50	32×160	32×105×43
		200	240			32×190	
		200	245	250×160×50	250×160×50	32×190	32×115×48
		220	265			32×210	
200		170	210	200×200×45	200×200×50	32×160	32×105×43
		200	240			32×190	
		200	245	200×200×50	200×200×60	32×190	32×115×48
		220	265			32×210	
250	200	170	210	250×200×45	250×200×50	32×160	32×105×43
		200	240			32×190	
		200	245	250×200×50	250×200×60	32×190	32×115×48
		220	265			32×210	
315		190	230	315×200×45	315×200×55	35×180	35×115×43
		220	260			35×210	
		210	255	315×200×50	315×200×65	35×200	35×125×48
		240	285			35×230	

续表

凹模周界		闭合高度 （参考） H		零件件号、名称及标准编号			
				1	2	3	4
				上模座 GB/T 2855.1	下模座 GB/T 2855.2	导柱 GB/T 2861.1	导套 GB/T 2861.6
				数　量			
L	B	最小	最大	1	1	2	2
				规　格			
250		190	230	$250 \times 250 \times 45$	$250 \times 250 \times 55$	35×180	$35 \times 115 \times 43$
		220	260			35×210	
		210	255	$250 \times 250 \times 50$	$250 \times 250 \times 65$	35×200	$35 \times 125 \times 48$
		240	285			35×230	
315	250	215	250	$315 \times 250 \times 50$	$315 \times 250 \times 60$	40×200	$40 \times 125 \times 48$
		245	280			40×230	
		245	290	$315 \times 250 \times 55$	$315 \times 250 \times 70$	40×230	$40 \times 140 \times 53$
		275	320			40×260	
400		215	250	$400 \times 250 \times 50$	$400 \times 250 \times 60$	40×200	$40 \times 125 \times 48$
		245	280			40×230	
		245	280	$400 \times 250 \times 55$	$400 \times 250 \times 70$	40×230	$40 \times 140 \times 53$
		275	320			40×260	

6.3.3　冲模滑动导向模架——中间导柱模架

中间导柱模架结构和尺寸规格见图 6-4 和表 6-35。

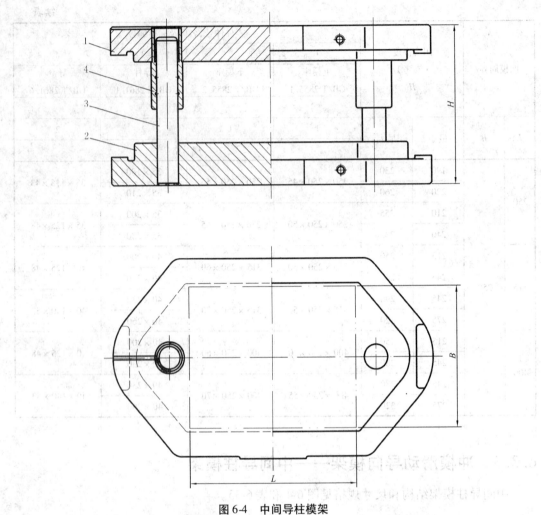

图 6-4 中间导柱模架

1—上模座;2—下模座;3—导柱;4—导套

表 6-35 中间导柱模架尺寸

mm

凹模周界		闭合高度 （参考） H		零件件号、名称及标准编号					
				1	2	3		4	
				上模座 GB/T 2855.1	下模座 GB/T 2855.2	导柱 GB/T 2861.1		导套 GB/T 2861.6	
				数　量					
				1	1	1	1	1	1
				规　格					
L	B	最小	最大						
63	50	100	115	$63 \times 50 \times 20$	$63 \times 50 \times 25$	16×90	18×90	$16 \times 60 \times 18$	$18 \times 60 \times 18$
		110	125			16×100	18×100		
		110	130	$63 \times 50 \times 25$	$63 \times 50 \times 30$	16×100	18×100	$16 \times 65 \times 23$	$18 \times 65 \times 23$
		120	140			16×110	18×110		

凹模周界		闭合高度（参考）H		零件件号、名称及标准编号					
				1	2	3		4	
				上模座 GB/T 2855.1	下模座 GB/T 2855.2	导柱 GB/T 2861.1		导套 GB/T 2861.6	
				数　量					
L	B	最小	最大	1	1	1	1	1	1
				规　格					
63		100	115	63×63×20	63×63×25	16×90	18×90	16×60×18	18×60×18
		110	125			16×100	18×100		
		110	130	63×63×25	63×63×30	16×100	18×100	16×65×23	18×65×23
		120	140			16×110	18×110		
80	63	110	130	80×63×25	80×63×30	18×100	20×100	18×65×23	20×65×23
		130	150			18×120	20×120		
		120	145	80×63×30	80×63×40	18×110	20×110	18×70×28	20×70×28
		140	165			18×130	20×130		
100		110	130	100×63×25	100×63×30	18×100	20×100	18×65×23	20×65×23
		130	150			18×120	20×120		
		120	145	100×63×30	100×63×40	18×110	20×110	18×70×28	20×70×28
		140	165			18×130	20×130		
80	80	110	130	80×80×25	80×80×30	20×100	22×100	20×65×23	22×65×23
		130	150			20×120	22×120		
		120	145	80×80×30	80×80×40	20×110	22×110	20×70×28	22×70×28
		140	165			20×130	22×130		
100		110	130	100×80×25	100×80×30	20×100	22×100	20×65×23	22×65×23
		130	150			20×120	22×120		
		120	145	100×80×30	100×80×40	20×110	22×110	20×70×28	22×70×28
		140	165			20×130	22×130		
125		110	130	125×80×25	125×80×30	20×100	22×100	20×65×23	22×65×23
		130	150			20×120	22×120		
		120	145	125×80×30	125×80×40	20×110	22×110	20×70×28	22×70×28
		140	165			20×130	22×130		
140		120	150	140×80×30	140×80×35	22×110	25×110	22×80×28	25×80×28
		140	165			22×130	25×130		
		140	170	140×80×35	140×80×45	22×130	25×130	22×80×33	25×80×33
		160	190			22×150	25×150		

凹模周界		闭合高度（参考）H		零件件号、名称及标准编号					
				1	2	3		4	
				上模座 GB/T 2855.1	下模座 GB/T 2855.2	导柱 GB/T 2861.1		导套 GB/T 2861.6	
				数　量					
				1	1	1	1	1	1
				规　格					
L	B	最小	最大						
100	100	110	130	100×100×25	100×100×30	20×100	22×100	20×65×23	22×65×23
		130	150			20×120	22×120		
		120	145	100×100×30	100×100×40	20×110	22×110	20×70×28	22×70×28
		140	165			20×130	22×130		
125		120	150	125×100×30	125×100×35	22×110	25×110	22×80×28	25×80×28
		140	165			22×130	25×130		
		140	170	125×100×35	125×100×45	22×130	25×130	22×80×33	25×80×33
		160	190			22×150	25×150		
140		120	150	140×100×30	140×100×35	22×110	25×110	22×80×28	25×80×28
		140	165			22×130	25×130		
		140	170	140×100×35	140×100×45	22×130	25×130	22×80×33	25×80×33
		160	190			22×150	25×150		
160		140	170	160×100×35	160×100×40	25×130	28×130	25×85×33	28×85×33
		160	190			25×150	28×150		
		160	195	160×100×40	160×100×50	25×150	28×150	25×90×38	28×90×38
		190	225			25×180	28×180		
200		140	170	200×100×35	200×100×40	25×130	28×130	25×85×33	28×85×33
		160	190			25×150	28×150		
		160	195	200×100×40	200×100×50	25×150	28×150	25×90×38	28×90×38
		190	225			25×180	28×180		

续表

凹模周界		闭合高度（参考）H		零件件号、名称及标准编号					
				1	2	3		4	
				上模座 GB/T 2855.1	下模座 GB/T 2855.2	导柱 GB/T 2861.1		导套 GB/T 2861.6	
				数　量					
				1	1	1	1	1	1
L	B	最小	最大	规　格					
125	125	120	150	125×125×30	125×125×35	22×110	25×110	22×80×28	25×80×28
		140	165			22×130	25×130		
		140	170	125×125×35	125×125×45	22×130	25×130	22×85×33	25×85×33
		160	190			22×150	25×150		
140		140	170	140×125×35	140×125×40	25×130	28×130	25×85×33	28×85×33
		160	190			25×150	28×150		
		160	195	140×125×40	140×125×50	25×150	28×150	25×90×38	28×90×38
		190	225			25×180	28×180		
160		140	170	160×125×35	160×125×40	25×130	28×130	25×85×33	28×85×33
		160	190			25×150	28×150		
		170	205	160×125×40	160×125×50	25×160	28×160	25×95×38	28×95×38
		190	225			25×180	28×180		
200		140	170	200×125×35	200×125×40	25×130	28×130	25×85×33	28×85×33
		160	190			25×150	28×150		
		170	205	200×125×40	200×125×50	25×160	28×160	25×95×38	28×95×38
		190	225			25×180	28×180		
250		160	200	250×125×40	250×125×45	28×150	32×150	28×100×38	32×100×38
		180	220			28×170	32×170		
		190	235	250×125×45	250×125×55	28×180	32×180	28×110×43	32×110×43
		210	255			28×200	32×200		

凹模周界		闭合高度（参考）H		零件件号、名称及标准编号					
				1	2	3		4	
				上模座 GB/T 2855.1	下模座 GB/T 2855.2	导柱 GB/T 2861.1		导套 GB/T 2861.6	
				数　量					
L	B	最小	最大	1	1	1	1	1	1
				规　格					
250	200	170	210	250×200×45	250×200×50	32×160	35×160	32×105×43	35×105×43
		200	240			32×190	35×190		
		200	245	250×200×50	250×200×60	32×190	35×190	32×115×48	35×115×48
		220	265			32×210	35×210		
280		190	230	280×200×45	280×200×55	35×180	40×180	35×115×43	40×115×43
		220	260			35×210	40×210		
		210	255	280×200×50	280×200×65	35×200	40×200	35×125×48	40×125×48
		240	285			35×230	40×230		
315		190	230	315×200×45	315×200×55	35×180	40×180	35×115×43	40×115×43
		220	260			35×210	40×210		
		210	255	315×200×50	315×200×65	35×200	40×200	35×125×48	40×125×48
		240	285			35×230	40×230		
250		190	230	250×250×45	250×250×55	35×180	40×180	35×115×43	40×115×43
		220	260			35×210	40×210		
		210	255	250×250×50	250×250×65	35×200	40×200	35×125×48	40×125×48
		240	285			35×230	40×230		
280		190	230	280×250×45	280×250×55	35×180	40×180	35×115×43	40×115×43
		220	260			35×210	40×210		
		210	255	280×250×50	280×250×65	35×200	40×200	35×125×48	40×125×48
		240	285			35×230	40×230		
315	250	215	250	315×250×50	315×250×60	40×200	45×200	40×125×48	45×125×48
		245	280			40×230	45×230		
		245	290	315×250×55	315×250×70	40×230	45×230	40×140×53	45×140×53
		275	320			40×260	45×260		
400		215	250	400×250×50	400×250×60	40×200	45×200	40×125×48	45×125×48
		245	280			40×230	45×230		
		245	290	400×250×55	400×250×70	40×230	45×230	40×140×53	45×140×53
		275	320			40×260	45×260		

续表

凹模周界		闭合高度（参考）H		1 上模座 GB/T 2855.1	2 下模座 GB/T 2855.2	3 导柱 GB/T 2861.1		4 导套 GB/T 2861.6	
				数　量					
				1	1	1	1	1	1
L	B	最小	最大	规　格					
280	280	215	250	280×280×50	280×280×60	40×200	45×200	40×125×48	45×125×48
		245	280			40×230	45×230		
		245	290	280×280×55	280×280×60	40×230	45×230	40×140×53	45×140×53
		275	320			40×260	45×260		
315	280	215	250	315×280×50	315×280×60	40×200	45×200	40×125×48	45×125×48
		245	280			40×230	45×230		
		245	290	315×280×55	315×280×70	40×230	45×230	40×140×53	45×140×53
		275	320			40×260	45×260		
400		215	250	400×280×50	400×280×60	40×200	45×200	40×125×48	45×125×48
		245	280			40×230	45×230		
		245	290	400×280×55	400×280×70	40×230	45×230	40×140×53	45×140×53
		275	320			40×260	45×260		
315	315	215	250	315×315×50	315×315×60	45×200	50×200	45×125×48	50×125×48
		245	280			45×230	50×230		
		245	290	315×315×55	315×315×70	45×230	50×230	45×140×53	50×140×53
		275	320			45×260	50×260		
400	315	245	290	400×315×55	400×315×65	45×230	50×230	45×140×53	50×140×53
		275	315			45×260	50×260		
		275	320	400×315×60	400×315×75	45×260	50×260	45×150×58	50×150×58
		305	350			45×290	50×290		
500	315	245	290	500×315×55	500×315×65	45×230	50×230	45×140×53	50×140×53
		275	315			45×260	50×260		
		275	320	500×315×60	500×315×75	45×260	50×260	45×150×58	50×150×58
		305	350			45×290	50×290		

凹模周界		闭合高度（参考）H		零件件号、名称及标准编号					
				1	2	3		4	
				上模座 GB/T 2855.1	下模座 GB/T 2855.2	导柱 GB/T 2861.1		导套 GB/T 2861.6	
				数　量					
L	B	最小	最大	1	1	1	1	1	1
				规　格					
400	400	245	290	400×400×55	400×400×65	45×230	50×230	45×140×53	50×140×53
		275	315			45×260	50×260		
		275	320	400×400×60	400×400×75	45×260	50×260	45×150×58	50×150×58
		305	350			45×290	50×290		
630	400	240	280	630×400×55	630×400×65	50×220	55×220	50×150×53	55×150×53
		270	305			50×250	55×250		
		270	310	630×400×65	630×400×80	50×250	55×250	50×160×63	55×160×63
		300	340			50×280	55×280		
500	500	260	300	500×500×55	500×500×65	50×240	55×240	50×150×53	55×150×53
		290	325			50×270	55×270		
		290	330	500×500×65	500×500×80	50×270	55×270	50×160×63	55×160×63
		320	360			50×300	55×300		

6.3.4　冲模滑动导向模架——中间导柱圆形模架

中间导柱圆形模架结构和尺寸规格见图 6-5 和表 6-36。

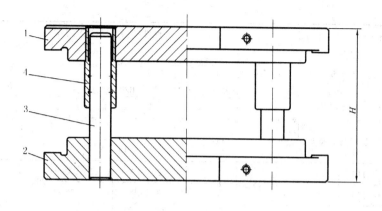

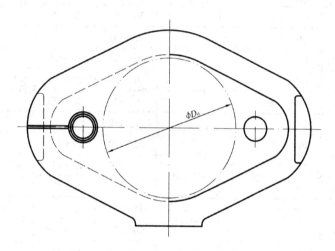

图 6-5　中间导柱圆形模架

1—上模座；2—下模座；3—导柱；4—导套

表 6-36　中间导柱圆形模架

mm

凹模周界	闭合高度（参考）H		零件件号、名称及标准编号					
			1	2	3		4	
			上模座 GB/T 2855.1	下模座 GB/T 2855.2	导柱 GB/T 2861.1		导套 GB/T 2861.6	
			数　量					
D_0	最小	最大	1	1	1	1	1	1
			规　格					
63	100	115	63×20	63×25	16×90	18×90	16×60×18	18×60×18
	110	125			16×100	18×100		
	110	130	63×25	63×30	16×100	18×100	16×65×23	18×65×23
	120	140			16×110	18×110		

凹模周界	闭合高度 （参考） H		零件件号、名称及标准编号					
			1	2	3		4	
			上模座 GB/T 2855.1	下模座 GB/T 2855.2	导柱 GB/T 2861.1		导套 GB/T 2861.6	
			数　量					
D_0	最小	最大	1	1	1	1	1	1
			规　格					
80	110	130	80×25	80×30	20×100	22×100	20×65×23	22×65×23
	130	150			20×120	22×120		
	120	145	80×30	80×40	20×110	22×110	20×70×28	22×70×28
	140	165			20×130	22×130		
100	110	130	100×25	100×30	20×100	22×100	20×65×23	22×65×23
	130	150			20×120	22×120		
	120	145	100×30	100×40	20×110	22×110	20×70×28	22×70×28
	140	165			20×130	22×130		
125	120	150	125×30	125×35	22×110	25×110	22×80×28	25×80×28
	140	165			22×130	25×130		
	140	170	125×35	125×45	22×130	25×130	22×85×33	25×85×33
	160	190			22×150	25×150		
160	160	200	160×40	160×45	28×150	32×150	28×110×38	32×110×38
	180	220			28×170	32×170		
	190	235	160×45	160×55	28×180	32×180	28×110×43	32×110×43
	210	255			28×200	32×200		
200	170	210	200×45	200×50	32×160	35×160	32×105×43	35×105×43
	200	240			32×190	35×190		
	200	245	200×50	200×60	32×190	35×190	32×115×48	35×115×48
	220	265			32×210	35×210		
250	190	230	250×45	250×55	35×180	40×180	35×115×43	40×115×43
	220	260			35×210	40×210		
	210	255	250×50	250×65	35×200	40×200	35×125×48	40×125×48
	240	285			35×230	40×230		
315	215	250	315×50	315×60	45×200	50×200	45×125×48	50×125×48
	245	280			45×230	50×230		
	245	290	315×55	315×70	45×230	50×230	45×140×53	50×140×53
	275	320			45×260	50×260		

凹模周界	闭合高度（参考）H		零件件号、名称及标准编号					
			1	2	3		4	
			上模座 GB/T 2855.1	下模座 GB/T 2855.2	导柱 GB/T 2861.1		导套 GB/T 2861.6	
			数　量					
D_0	最小	最大	1	1	1	1	1	1
			规　格					
400	245	290	400×55	400×65	45×230	50×230	$45 \times 140 \times 53$	$50 \times 140 \times 53$
	275	315			45×260	50×260		
	275	320	400×60	400×75	45×260	50×260	$45 \times 150 \times 58$	$50 \times 150 \times 58$
	305	350			45×290	50×290		
500	260	300	500×55	500×65	50×240	55×240	$50 \times 150 \times 53$	$55 \times 150 \times 53$
	290	325			50×270	55×270		
	290	330	500×65	500×80	50×270	55×270	$50 \times 160 \times 63$	$55 \times 160 \times 63$
	320	360			50×300	55×300		
630	270	310	630×60	630×70	55×250	60×250	$55 \times 160 \times 58$	$60 \times 160 \times 58$
	300	340			55×280	60×280		
	310	350	630×75	630×90	55×290	60×290	$55 \times 170 \times 73$	$60 \times 170 \times 73$
	340	380			55×320	60×320		

6.3.5　冲模滑动导向模架——四导柱模架

四导柱模架结构和尺寸规格见图 6-6 和表 6-37。

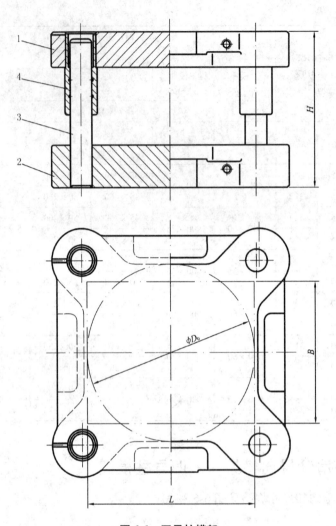

图 6-6 四导柱模架

1—上模座;2—下模座;3—导柱;4—导套

表 6-37 四导柱模架尺寸 mm

凹模周界			闭合高度 (参考) H		零件件号、名称及标准编号			
					1	2	3	4
					上模座 GB/T 2855.1	下模座 GB/T 2855.2	导柱 GB/T 2861.1	导套 GB/T 2861.6
					数　量			
					1	1	4	4
L	B	D_0	最小	最大	规　格			
160	125	160	140	170	$160 \times 125 \times 35$	$160 \times 125 \times 40$	25×130	$25 \times 85 \times 33$
			160	190			25×150	
			170	205	$160 \times 125 \times 40$	$160 \times 125 \times 50$	25×160	$25 \times 95 \times 38$
			190	225			25×180	

续表

凹模周界			闭合高度（参考）H		零件件号、名称及标准编号			
					1	2	3	4
					上模座 GB/T 2855.1	下模座 GB/T 2855.2	导柱 GB/T 2861.1	导套 GB/T 2861.6
					数 量			
L	B	D_0	最小	最大	1	1	4	4
					规 格			
200	160	200	160	200	200×160×40	200×160×45	28×150	28×100×38
			180	220			28×170	
			190	235	200×160×45	200×160×55	28×180	28×100×43
			210	255			28×200	
250			170	210	250×160×45	250×160×50	32×160	32×105×43
			200	240			32×190	
			200	245	250×160×50	250×160×60	32×190	32×115×48
			220	265			32×210	
250	200	250	170	210	250×200×45	250×200×50	32×160	32×105×43
			200	240			32×190	
			200	245	250×200×50	250×200×60	32×190	32×115×48
			220	265			32×210	
315			190	230	315×200×45	315×200×55	35×180	35×115×43
			220	260			35×210	
			210	255	315×200×50	315×200×65	35×200	35×125×48
			240	285			35×230	
315	250		215	250	315×250×50	315×250×60	40×200	40×125×48
			245	280			40×230	
			245	290	315×250×55	315×250×70	40×230	40×140×53
			275	320			40×260	
400			215	250	400×250×50	400×250×60	40×200	40×125×48
			245	280			40×230	
			245	290	400×250×55	400×250×70	40×230	40×140×53
			275	320			40×260	
400	315		245	290	400×315×55	400×315×65	45×230	45×140×53
			275	315			45×260	
			275	320	400×315×60	400×315×75	45×260	45×150×58
			305	350			45×290	
500			245	290	500×315×55	500×315×65	45×230	45×140×53
			275	315			45×260	

凹模周界			闭合高度（参考）H		零件件号、名称及标准编号			
					1	2	3	4
					上模座 GB/T 2855.1	下模座 GB/T 2855.2	导柱 GB/T 2861.1	导套 GB/T 2861.6
					数　量			
L	B	D_0	最小	最大	1	1	4	4
					规　格			
500	315	250	275	320	$500 \times 315 \times 60$	$500 \times 315 \times 75$	45×260	$45 \times 150 \times 58$
			305	350			45×290	
630	315	250	260	300	$630 \times 315 \times 55$	$630 \times 315 \times 65$	50×240	$50 \times 150 \times 53$
			290	325			50×270	
			290	330	$630 \times 315 \times 65$	$630 \times 315 \times 80$	50×270	$50 \times 160 \times 63$
			320	360			50×300	
500	400	250	260	300	$500 \times 400 \times 55$	$500 \times 400 \times 65$	50×240	$50 \times 150 \times 53$
			290	325			50×270	
			290	330	$500 \times 400 \times 65$	$500 \times 400 \times 80$	50×270	$50 \times 160 \times 63$
			320	360			50×300	
630	400	250	260	300	$630 \times 400 \times 55$	$630 \times 400 \times 65$	50×240	$50 \times 150 \times 53$
			290	325			50×270	
			290	330	$630 \times 400 \times 65$	$630 \times 400 \times 80$	50×270	$50 \times 160 \times 63$
			320	360			50×300	

6.3.6　冲模滚动导向模架——对角导柱模架

对角导柱模架结构和尺寸规格见图 6-7 和表 6-38。

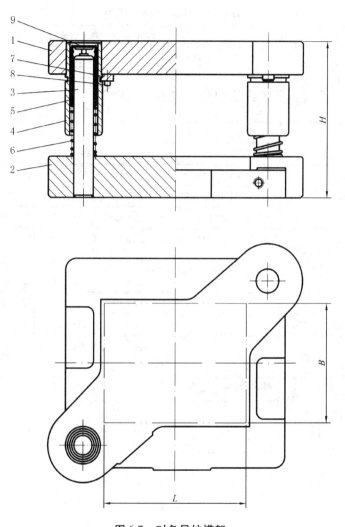

图 6-7　对角导柱模架

1—上模座;2—下模座;3—导柱;4—导套;5—钢球保持圈;6—弹簧;

7—压板;8—螺钉;9—限程器

表 6-38　对角导柱模架尺寸　　　　　　　　　　　　　　　　　　　mm

凹模周界		最大行程	设计最小闭合高度	零件件号、名称及标准编号			
				1	2	3	4
				上模座 GB/T 2856.1	下模座 GB/T 2856.2	导柱 GB/T 2861.3	导套 GB/T 2861.8
				数　量			
L	B	S	H	1	1	1　　1	1　　1
				规　格			
80	63			80×63×35	80×63×40	18×155	20×155	18×100×33	20×100×33
100	80	80	165	100×80×35	100×80×40	20×155	22×155	20×100×33	22×100×33
125	100			125×100×35	125×100×45	22×155	25×155	22×100×33	25×100×33
160	125	100	200	160×125×40	160×125×45	25×190	28×190	25×120×38	28×120×38
200	160	100	200	200×160×45	200×160×55	28×190	32×190	28×125×43	32×125×43
		120	220			28×210	32×210	28×145×43	32×145×43
250	200	100	200	250×200×50	250×200×60	32×190	35×190	32×120×48	35×120×48
		120	230			32×210	35×210	32×150×48	35×150×48

凹模周界		最大行程	设计最小闭合高度	零件件号、名称及标准编号			
				5	6	7	8
				钢球保持圈 GB/T 2861.10	弹簧 GB/T 2861.11	压板 GB/T 2861.16	螺钉 GB/T 70.1
				数　量			
L	B	S	H	1	1	1　　1	4或6　　4或6
				规　格			
80	63			18×23.5×64	20×25.5×64	1.6×22×72	1.6×24×72	14×15	M5×14
100	80	80	165	20×25.5×64	22×27.5×64	1.6×24×72	1.6×26×72		
125	100			22×27.5×64	25×30.5×64	1.6×26×72	1.6×30×79		
160	125	100	200	25×32.5×76	28×35.5×76	1.6×30×87	1.6×32×86		
200	160	100	200	28×35.5×76	32×39.5×76	1.6×32×77	2×37×79	16×20	M6×16
		120	220	28×35.5×84	32×39.5×84				
250	200	100	200	32×39.5×76	35×42.5×76	2×37×79	2×40×78		
		120	230	32×39.5×84	35×42.5×84	2×37×87	2×40×88		

注：1. 最大行程指该模架许可的最大冲压行程。
　　2. 件号7、件号8的数量：$L \leqslant 160$ mm 为4件，$L > 160$ mm 为6件。

6.3.7 冲模滚动导向模架——中间导柱模架

中间导柱模架结构和尺寸规格见图 6-8 和表 6-39。

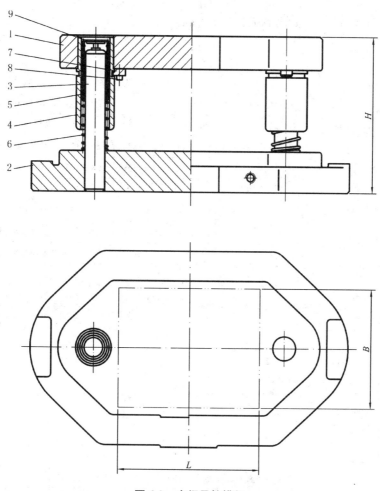

图 6-8 中间导柱模架

1—上模座;2—下模座;3—导柱;4—导套;5—钢球保持圈;
6—弹簧;7—压板;8—螺钉;9—限程器

表 6-39　中间导柱模架尺寸　　　　　　　　　　　　　　　mm

凹模周界		最大行程	设计最小闭合高度	零件件号、名称及标准编号					
				1 上模座 GB/T 2856.1	2 下模座 GB/T 2856.2	3 导柱 GB/T 2861.3		4 导套 GB/T 2861.8	
				数　量					
				1	1	1	1	1	1
L	B	S	H	规　格					
80	63	80	165	80×63×35	80×63×40	18×155	20×155	18×100×33	20×100×33
100	80	80	165	100×80×35	100×80×40	20×155	22×155	20×100×33	22×100×33
125	100	80	165	125×100×35	125×100×45	22×155	25×155	22×100×33	25×100×33
140	125	100	200	140×125×40	140×125×45	25×155	28×155	25×100×38	28×100×38
						25×190	28×190	25×120×38	28×120×38
160	140	80	165	160×140×40	160×140×40	25×155	28×155	25×105×38	28×105×38
		100	200		160×140×50	25×190	28×190	25×125×38	28×125×38
200	160	100	200	200×160×45	200×160×55	28×190	32×190	28×125×43	32×125×43
		120	220			28×210	32×210	28×145×43	32×145×43
250	200	100	200	250×200×50	250×200×60	32×190	35×190	32×120×48	35×120×48
		120	230			32×215	35×215	32×150×48	35×150×48

凹模周界		最大行程	设计最小闭合高度	零件件号、名称及标准编号					
				5 钢球保持圈 GB/T 2861.10	6 弹簧 GB/T 2861.11	7 压板 GB/T 2861.16		8 螺钉 GB/T 70.1	
				数　量					
				1	1	1	1	4 或 6	4 或 6
L	B	S	H	规　格					
80	63	80	165	18×23.5×64	20×25.5×64	1.6×22×72	1.6×24×72	14×15	M5×14
100	80	80	165	20×25.5×64	22×27.5×64	1.6×24×72	1.6×26×72		
125	100	80	165	22×27.5×64	25×30.5×64	1.6×26×79	1.6×30×79		
140	125	100	200	25×32.5×64	28×35.5×64	1.6×30×79	1.6×32×77		
				25×32.5×76	28×35.5×76	1.6×30×87	1.6×32×86		
160	140	80	165	25×32.5×64	28×35.5×64	1.6×30×79	1.6×32×77	16×20	M6×16
		100	200	25×32.5×76	28×35.5×76	1.6×30×79	1.6×32×77		
200	160	100	200	28×35.5×76	32×39.5×76	1.6×32×77	2×37×79		
		120	220	28×35.5×84	32×39.5×84				
250	200	100	200	32×39.5×76	35×42.5×76	2×37×79	2×40×78		
		120	230	32×39.5×84	35×42.5×84	2×37×87	2×40×88		

注:1. 最大行程指该模架许可的最大冲压行程。

　　2. 件号 7、件号 8 的数量:L≤160 mm 为 4 件,L>160 mm 为 6 件。

6.3.8　冲模滚动导向模架——四导柱模架

四导柱模架结构和尺寸规格见图 6-9 和表 6-40。

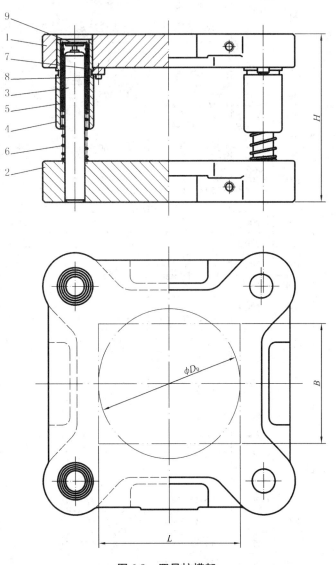

图 6-9　四导柱模架

1—上模座;2—下模座;3—导柱;4—导套;5—钢球保持圈;6—弹簧;

7—压板;8—螺钉;9—限程器

表 6-40　四导柱模架尺寸　　　　　　　　　　　　　　　　　　　　mm

凹模周界			最大行程	设计最小闭合高度	零件件号、名称及标准编号			
					1	2	3	4
					上模座 GB/T 2856.1	下模座 GB/T 2856.2	导柱 GB/T 2861.3	导套 GB/T 2861.8
					数　量			
L	B	D_0	S	H	1	1	4	4
					规　格			
160	125	160	80	165	160×125×40	160×125×45	25×155	25×100×38
			100	200		160×125×50	25×190	25×125×38
200	160	200	100	200	200×160×45	200×160×55	28×190	28×100×38
			120	220			28×210	28×125×38
250		—	100	200	250×160×50	250×160×60	32×190	32×120×48
			120	230			32×215	32×150×48
250	200	250	100	200	250×200×50	250×200×60	32×190	32×120×48
			120	230			32×215	32×150×48
315		—	100	200	315×200×50	315×200×65	32×190	32×120×48
			120	230			32×215	32×150×48
400	250	—	100	220	400×250×60	400×250×70	35×210	35×120×58
			120	240			35×225	35×150×58

凹模周界			最大行程	设计最小闭合高度	零件件号、名称及标准编号			
					5	6	7	8
					钢球保持圈 GB/T 2861.10	弹簧 GB/T 2861.11	压板 GB/T 2861.16	螺钉 GB/T 70.1
					数　量			
L	B	D_0	S	H	4	4	12	12
					规　格			
160	125	160	80	165	25×32.5×64	1.6×30×65		
			100	200	25×32.5×76	1.6×30×79		
200	160	200	100	200	28×32.5×64	1.6×30×65		
			120	220	28×32.5×76	1.6×30×79		
250		—	100	200	32×39.5×76	2×37×79	16×20	M6×16
			120	230	32×39.5×84	2×37×87		
250	200	250	100	200	32×39.5×76	2×37×79		
			120	230	32×39.5×84	2×37×87		
315		—	100	200	32×39.5×76	2×37×79		
			120	230	32×39.5×84	2×37×87		
400	250	—	100	220	35×42.5×76	2×40×79	20×20	M8×20
			120	240	35×42.5×84	2×40×87		

注：最大行程指该模架许可的最大冲压行程。

6.3.9　冲模滚动导向模架——后侧导柱模架

后侧导柱模架结构和尺寸规格见图 6-10 和表 6-41。

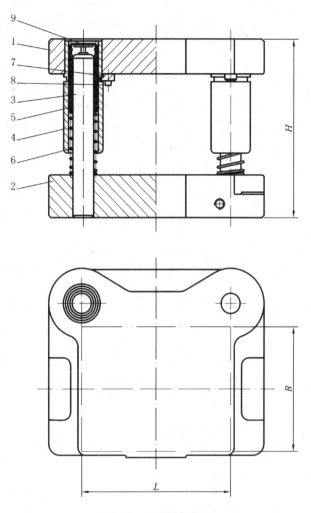

图 6-10　后侧导柱模架

1—上模座；2—下模座；3—导柱；4—导套；5—钢球保持圈；6—弹簧；
7—压板；8—螺钉；9—限程器

表6-41　后侧导柱模架尺寸　　　　　　　　　　　　mm

凹模周界		最大行程	设计最小闭合高度	零件件号、名称及标准编号			
				1	2	3	4
				上模座 GB/T 2856.1	下模座 GB/T 2856.2	导柱 GB/T 2861.3	导套 GB/T 2861.8
				数　量			
L	B	S	H	1	1	4	4
				规　格			
80	63			80×63×35	80×63×40	18×155	18×100×33
100	80	80	165	100×80×35	100×80×40	20×155	20×100×33
125	100			125×100×35	125×100×45	22×155	22×100×33
160	125	100	200	160×125×40	160×125×45	25×190	25×120×38
200	160	120	220	200×160×45	200×160×55	28×210	28×145×43

凹模周界		最大行程	设计最小闭合高度	零件件号、名称及标准编号			
				5	6	7	8
				钢球保持圈 GB/T 2861.10	弹簧 GB/T 2861.11	压板 GB/T 2861.16	螺钉 GB/T 70.1
				数　量			
L	B	S	H	2	2	4 或 6	4 或 6
				规　格			
80	63			18×23.5×64	1.6×22×72	14×15	M5×14
100	80	80	165	20×25.5×64	1.6×24×72		
125	100			22×27.5×64	1.6×26×72		
160	125	100	200	25×32.5×76	1.6×30×87	16×20	M6×16
200	160	120	220	28×35.5×84	1.6×32×77		

注:1.最大行程指该模架许可的最大冲压行程。

　　2.件号7、件号8的数量:$L\leqslant 160$ mm 为4件,$L>160$ mm 为6件。

6.4　塑料模具设计常用标准

GB/T 12555—2006《塑料注射模模架》代替 GB/T 12555.1—1990《塑料注射模大型模架》和 GB/T 12556.1—1990《塑料注射模中小型模架》。GB/T 12555—2006《塑料注射模模架》标准规定了塑料注射模模架的组合形式、尺寸标记,适用于塑料注射模模架。

6.4.1　模架组成零件的名称

塑料注射模模架按其在模具中的应用方式,可分为直浇口与点浇口两种形式,其组成零件的名称分别如图6-11和图6-12所示。

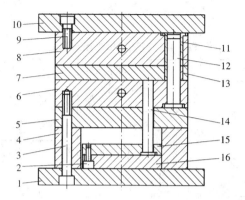

图 6-11 直浇口模架组成零件的名称

1—动模座板;2,3,9—内六角螺钉;4—垫块;5—支承板;6—动模板;
7—推件板;8—定模板;10—定模座板;11—带头导套;12—导柱;
13—直导套;14—复位杆;15—推杆固定板;16—推板

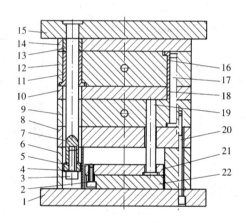

图 6-12 点浇口模架组成零件的名称

1—动模座板;2,3,20—内六角螺钉;4—弹簧垫圈;5—挡环;6—垫块;
7—带头导柱;8—支承板;9—动模板;10—推件板;11,16—带头导套;
12—定模板;13,18—直导套;14—推料板;15—定模座板;
17—导柱;19—复位杆;21—推杆固定板;22—推板

6.4.2 模架的组合形式

塑料注射模架按结构特征可分为 36 种主要结构,其中直浇口模架 12 种、点浇口模架 16 种和简化点浇口模架 8 种。

1. 直浇口模架

12 种直浇口模架中,直浇口基本型有 4 种、直身基本型有 4 种、直身无定模座板型有 4 种。直浇口基本型又分为 A 型、B 型、C 型和 D 型。A 型为定模二模板,动模二模板;B 型为定模二模板,动模二模板,加装推件板;C 型为定模二模板,动模一模板;D 型为定模二模板,动模一模板,加装推件板。直身基本型分为 ZA 型、ZB 型、ZC 型和 ZD 型;直身无定模座板型分为 ZAZ 型、ZBZ 型、ZCZ 和 ZDZ 型。

直浇口模架组合形式见表6-42。

表6-42　直浇口模架组合形式

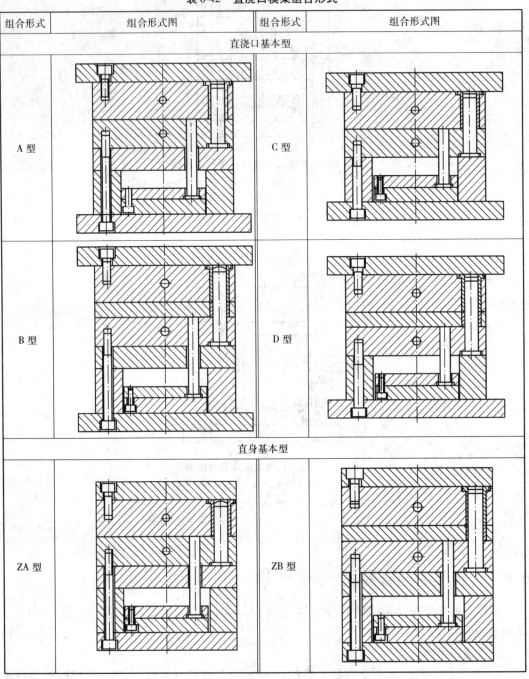

组合形式	组合形式图	组合形式	组合形式图
直浇口基本型			
A 型		C 型	
B 型		D 型	
直身基本型			
ZA 型		ZB 型	

续表

组合形式	组合形式图	组合形式	组合形式图
ZC 型	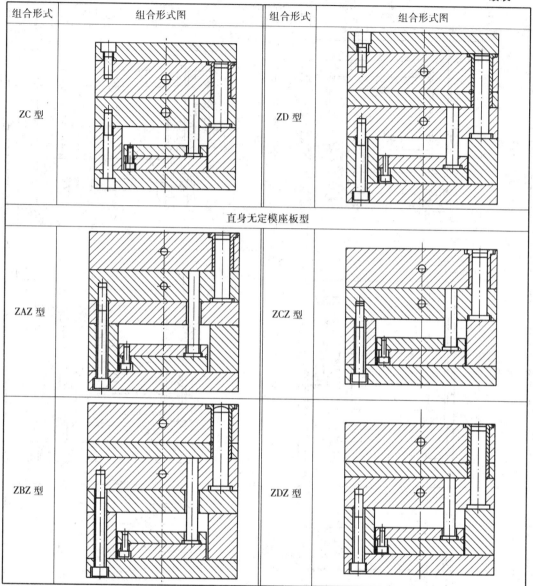	ZD 型	
直身无定模座板型			
ZAZ 型		ZCZ 型	
ZBZ 型		ZDZ 型	

2. 点浇口模架

16 种点浇口模架中,点浇口基本型有 4 种,直身点浇口基本型有 4 种,点浇口无推料板型有 4 种,直身点浇口无推料板型有 4 种。

点浇口基本型分为 DA 型、DB 型、DC 型和 DD 型;直身点浇口基本型分为 ZDA 型、ZDB 型、ZDC 型和 ZDD 型;点浇口无推料板型分为 DAT 型、DBT 型、DCT 型和 DDT 型;直身点浇口无推料板型分为 ZDAT 型、ZDBT 型、ZDCT 型和 ZDDT 型。点浇口模架组合形式见表 6-43。

表 6-43　点浇口模架组合形式

组合形式	组合形式图	组合形式	组合形式图
DA 型		DC 型	
DB 型		DD 型	
ZDA 型		ZDC 型	

6.4.3　模架导向件与螺钉安装方式

　　根据使用要求,模架中的导向件与螺钉可以有不同的安装方式,GB/T 12555—2006《塑料注射模模架》国家标准中的具体规定有以下五个方面。

（1）根据使用要求，模架中的导柱、导套有正装和反装两种形式，如图6-13所示。

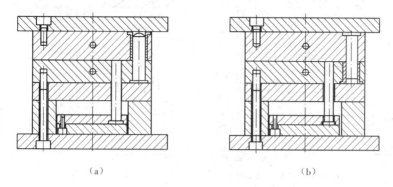

（a）　　　　　　　　　　　　　（b）

图6-13　导柱、导套的安装形式

（a）正装　（b）反装

（2）根据使用要求，模架中的拉杆导柱有装在外侧和装在内侧两种形式，如图6-14所示。

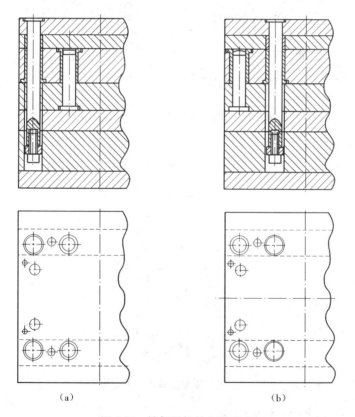

（a）　　　　　　　　　　　　　（b）

图6-14　拉杆导柱的安装形式

（a）装在外侧　（b）装在内侧

（3）根据使用要求，模架中的垫块可以单独固定在动模座板上，如图6-15所示。

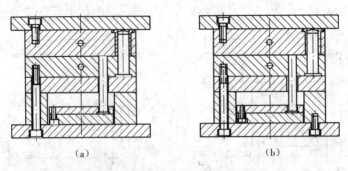

图 6-15　垫块与动模座板的安装形式

（a）垫块与动模座板无固定螺钉　（b）垫块与动模座板有固定螺钉

（4）根据使用要求，模架的推板可以装推板导柱及限位钉，如图 6-16 所示。

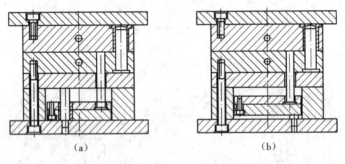

图 6-16　加装推板导柱及限位钉的形式

（a）加装推板导柱　（b）加装限位钉

（5）根据使用要求，模架中的定模板厚度较大时，导套可以装配成图 6-17 所示结构。

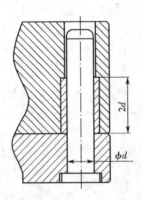

图 6-17　定模板厚度较大时的导套结构

6.4.4　基本型模架组合尺寸

GB/T 12555—2006《塑料注射模模架》标准规定组成模架的零件应符合 GB/T 4169.1 ～ 4169.23—2006《塑料注射模零件》标准的规定。标准中所称的组合尺寸为零件的外形尺寸和孔位尺寸。基本型模架尺寸组合见表 6-44。

表 6-44　基本型模架尺寸组合

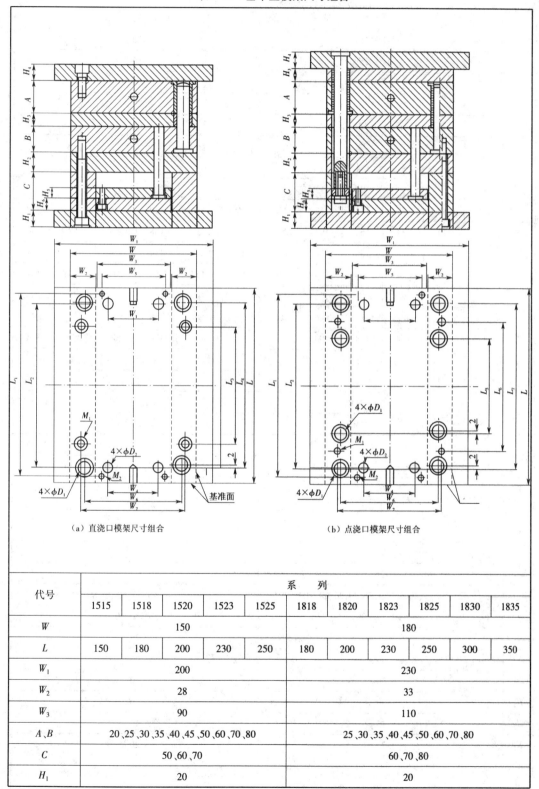

（a）直浇口模架尺寸组合　　　　　（b）点浇口模架尺寸组合

代号	系　列										
	1515	1518	1520	1523	1525	1818	1820	1823	1825	1830	1835
W	150					180					
L	150	180	200	230	250	180	200	230	250	300	350
W_1	200					230					
W_2	28					33					
W_3	90					110					
A、B	20、25、30、35、40、45、50、60、70、80					25、30、35、40、45、50、60、70、80					
C	50、60、70					60、70、80					
H_1	20					20					

代号											
H_2	30					30					
H_3	20					20					
H_4	25					30					
H_5	13					15					
H_6	15					20					
W_4	48					68					
W_5	72					90					
W_6	114					134					
W_7	120					145					
L_1	132	162	182	212	232	160	180	210	230	280	330
L_2	114	144	164	194	214	138	158	188	208	258	308
L_3	56	86	106	136	156	64	84	114	124	174	224
L_4	114	144	164	194	214	134	154	184	204	254	304
L_5	—	52	72	102	122	—	46	76	96	146	196
L_5	—	96	116	146	166	—	98	128	148	198	248
L_7	—	144	164	194	214	—	154	184	204	254	304
D_1	16					20					
D_2	12					12					
M_1	$4 \times M10$					$4 \times M12$					$6 \times M12$
M_2	$4 \times M6$					$4 \times M8$					

代号	系列										
	2020	2023	2025	2030	2035	2040	2323	2325	2327	2330	2335	2340
W	200						230					
L	200	230	250	300	350	400	230	250	270	300	250	400
W_1	250						280					
W_2	38						43					
W_3	120						140					
A、B	25、30、35、40、45、50、60、70、80、90、100						25、30、35、40、45、50、60、70、80、90、100					
C	60、70、80						70、80、90					
H_1	25						25					
H_2	30						35					
H_3	20						20					
H_4	30						30					
H_5	15						15					
H_6	20						20					
W_4	84	80					106					
W_5	100						120					

续表

W_6	154						184					
W_7	160						185					
L_1	180	210	230	280	330	380	210	230	250	280	330	380
L_2	150	180	200	250	300	350	180	200	220	250	300	350
L_3	80	110	130	180	230	280	106	126	144	174	224	274
L_4	154	184	204	254	304	54	184	204	224	254	304	354
L_5	46	76	96	146	196	246	74	94	112	142	192	242
L_6	98	128	148	198	248	298	128	148	156	196	246	296
L_7	154	184	204	254	304	354	184	204	224	254	304	354
D_1	20						20					
D_2	12	15					15					
M_1	4×M12		6×M12				4×M12		4×M14		6×M14	
M_2	4×M8						4×M8					

代号	系 列										
	4040	4045	4050	4055	4060	4070	4545	4550	4555	4560	4570
W	400						450				
L	400	450	500	550	600	700	450	500	550	600	700
W_1	450						550				
W_2	68						78				
W_3	260						290				
A,B	40、45、50、60、70、80、90、100、110、120、130、140、150						45、50、60、70、80、90、100、110、120、130、140、150、160、180				
C	100、110、120、130						100、110、120、130				
H_1	30	35					35				
H_2	50						60				
H_3	35						40				
H_4	50						60				
H_5	25						25				
H_6	30						30				
W_4	198						226				
W_5	234						264				
W_6	324						364				
W_7	330						370				
L_1	374	424	474	524	574	674	424	474	524	574	674
L_2	340	390	440	490	540	640	384	434	484	534	634
L_3	208	254	304	354	404	504	236	286	336	386	486
L_4	324	374	424	474	524	624	364	414	464	514	614
L_5	168	218	268	318	368	468	194	244	294	344	444

续表

L_6	244	294	344	394	444	544	276	326	376	426	526
L_7	324	374	424	474	524	624	364	414	464	514	614
D_1	35						40				
D_2	25						30				
M_1	6 × M16						6 × M16				
M_2	4 × M12						4 × M12				

代号	系列									
	5050	5055	5060	5070	5080	5555	5560	5570	5580	5590
W	500					550				
L	500	550	600	700	800	550	600	700	800	900
W_1	600					650				
W_2	88					100				
W_3	320					340				
$A 、B$	50、60、70、80、90、100、110、120、130、140、150、160、180					70、80、90、100、110、120、130、140、150、160、180、200				
C	100、110、120、130					110、120、130、150				
H_1	35					35				
H_2	60					70				
H_3	40					40				
H_4	60					70				
H_5	25					25				
H_6	30					30				
W_4	256					270				
W_5	294					310				
W_6	414					444				
W_7	410					450				
L_1	474	524	574	674	774	520	570	670	770	870
L_2	434	484	534	634	734	480	530	630	730	830
L_3	286	336	386	486	586	300	350	450	550	650
L_4	414	464	514	614	714	444	494	594	694	794
L_5	244	294	344	444	544	220	270	370	470	570
L_6	326	376	426	526	626	332	382	482	582	682
L_7	414	464	514	614	714	444	494	594	694	794
D_1	40					50				
D_2	30					30				
M_1	6 × M16			8 × M16		6 × M20			8 × M20	
M_2	4 × M12			6 × M12		6 × M12			8 × M12	10 × M12

续表

代号	系列									
	9090	90100	90125	90160	100100	100125	100160	125125	125160	125200
W	900				1 000			1 250		
L	900	1 000	1 250	1 600	1 000	1 250	1 600	1 250	1 600	2 000
W_1	1 000				1 200			1 500		
W_2	160				180			220		
W_3	560				620			790		
A、B	90、100、110、120、130、140、150、160、180、200、220、250、280、300、350			100、110、120、130、140、150、160、180、200、220、250、280、300、350、400				100、110、120、130、140、150、160、180、200、220、250、280、300、350、400		
C	180、200、250、300			180、200、250、300				180、200、250、300		
H_1	50				60			70		
H_2	150				160			180		
H_3	70				80			80		
H_4	100				120			120		
H_5	30				30、40			40、50		
H_6	40				40、50			50、60		
W_4	470				580			750		
W_5	520				620			690		
W_6	760				840			1 090		
W_7	740				820			1 030		
L_1	860	960	1 210	1 560	960	1 210	1 560	1 210	1 560	1 960
L_2	810	910	1 160	1 510	900	1 150	1 500	1 150	1 500	1 900
L_3	600	700	950	1 300	650	900	1 250	900	1 250	1 650
L_4	760	860	1 110	1 460	840	1 090	1 440	1 090	1 440	1 840
L_5	478	578	828	1 18	508	758	1 108	758	1 108	1 508
L_6	616	716	966	1 316	674	924	1 274	924	1 274	1 674
L_7	760	860	1 110	1 460	840	1 090	1 440	1 090	1 440	1 840
D_1	70				80			80		
D_2	35				40			40		
M_1	10×M24	12×M24		14×M24	12×M24		14×M24	12×M30	14×M30	16×M30
M_2	10×M16		12×M16		10×M16		12×M16	12×M16		

6.4.5　塑料注射模具零件

1. 推杆

GB/T 4169.1—2006 规定了塑料注射模用推杆的尺寸规格和公差,同时还给出了材料指南和硬度要求,并规定了推杆的标记。其形状如图 6-18 所示,推杆尺寸见表 6-45。

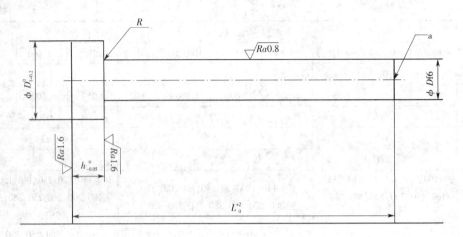

图 6-18　推杆

表 6-45　推杆相关尺寸

D	D₁	h	R	L												
				80	100	125	150	200	250	300	350	400	500	600	700	800
1	4	2	0.3	×	×	×	×	×								
1.2				×	×	×	×	×								
1.5				×	×	×	×	×								
2				×	×	×	×	×	×	×	×					
2.5	5	3	0.5	×	×	×	×	×	×	×	×	×				
3	6			×	×	×	×	×	×	×	×	×	×			
4	8			×	×	×	×	×	×	×	×	×	×	×		
5	10			×	×	×	×	×	×	×	×	×	×	×		
6	12	5			×	×	×	×	×	×	×	×	×	×		
7	12				×	×	×	×	×	×	×	×	×	×		
8	14				×	×	×	×	×	×	×	×	×	×	×	
10	16				×	×	×	×	×	×	×	×	×	×	×	
12	18		0.8		×	×	×	×	×	×	×	×	×	×	×	×
14					×	×	×	×	×	×	×	×	×	×	×	×
16	22				×	×	×	×	×	×	×	×	×	×	×	×
18	24						×	×	×	×	×	×	×	×	×	×
20	26	8				×	×	×	×	×	×	×	×	×	×	×

注:1. 材料由制造者选定,推荐采用 4Cr5MoSiV1、3Cr2W8V。

2. 硬度 50~55HRC,其中固定端 30 mm 范围内硬度 35~45HRC。

3. 淬火后表面可进行渗氮处理,渗氮层深度为 0.08~0.15 mm,心部硬度为 40~44HRC,表面硬度≥900HV。

4. 其余应符合 GB/T 4170—2006 的规定。

2. 导柱

导柱可以安装在动模一侧,也可以安装在定模一侧,但更多的是安装在动模一侧。因为作为成型零件的主型芯多装在动模一侧,导柱与主型芯安装在同一侧,在合模时可起保护作用。标准导柱有带头导柱(图6-19)和带肩导柱(图6-20)两种,相关尺寸分别见表6-46 和表6-47。

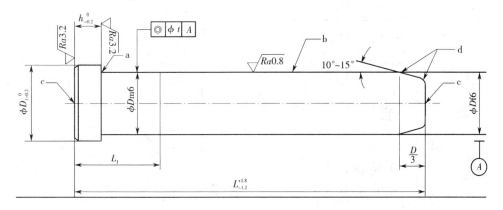

图 6-19　标准带头导柱

表 6-46　标准带头导柱相关尺寸

D	12	16	20	25	30	35	40	50	60	70	80	90	100
D_1	17	21	25	30	35	40	45	56	66	76	86	96	106
h	5	6			8		10	12	15		20		
L　50	×	×	×	×	×								
L　60	×	×	×	×	×								
L　70	×	×	×	×	×	×	×						
L　80	×	×	×	×	×	×	×						
L　90	×	×	×	×	×	×	×						
L　100	×	×	×	×	×	×	×	×					
L　110	×	×	×	×	×	×	×	×	×				
L　120	×	×	×	×	×	×	×	×	×				
L　130	×	×	×	×	×	×	×	×	×				
L　140	×	×	×	×	×	×	×	×	×				
L　150		×	×	×	×	×	×	×	×	×			
L　160		×	×	×	×	×	×	×	×	×			
L　180			×	×	×	×	×	×	×	×			
L　200			×	×	×	×	×	×	×				
L　220				×	×	×	×	×	×	×	×	×	×

续表

L											
250			×	×	×	×	×	×	×	×	×
280				×	×	×	×	×	×	×	×
300				×	×	×	×	×	×	×	×
320					×	×	×	×	×	×	×
350					×	×	×	×	×	×	×
380						×	×	×	×	×	×
400						×	×	×	×	×	×
450							×	×	×	×	×
500							×	×	×	×	×
550								×	×	×	×
600								×	×	×	×
650									×	×	×
700									×	×	×
750										×	×
800										×	×
L_1	20、25、30、35、40、45、50、60、70、80、100、110、120、130、140、160、180、200										

注:1. 材料由制造者选定,推荐采用 T10A、GCr15、20Cr。

2. 硬度为 56~60HRC,20Cr 渗碳 0.5~0.8 mm,硬度为 56~60HRC。

3. 标注的形位公差应符合 GB/T 1184—1996 的规定,t 为 6 级精度

4. 其余应符合 GB/T 4170—2006 的规定。

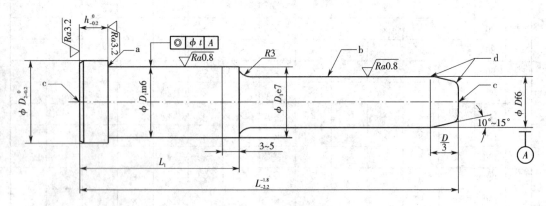

图 6-20　标准带肩导柱

表 6-47　标准带肩导柱相关尺寸

D	12	16	20	25	30	35	40	50	60	70	80
D_1	18	25	30	35	42	48	55	70	80	90	105
D_2	22	30	35	40	47	54	61	76	86	96	111
h	5	6	8			10		12		15	

续表

	1	2	3	4	5	6	7	8	9	10	11
50	×	×	×	×	×						
60	×	×	×	×	×						
70	×	×	×	×	×	×	×				
80	×	×	×	×	×	×	×				
90	×	×	×	×	×	×	×				
100	×	×	×	×	×	×	×	×	×		
110	×	×	×	×	×	×	×	×	×		
120	×	×	×	×	×	×	×	×	×		
130	×	×	×	×	×	×	×	×	×		
140	×	×	×	×	×	×	×	×	×		
150		×	×	×	×	×	×	×	×	×	×
160		×	×	×	×	×	×	×	×	×	×
180			×	×	×	×	×	×	×	×	×
200			×	×	×	×	×	×	×	×	×
220				×	×	×	×	×	×	×	×
250					×	×	×	×	×	×	×
280						×	×	×	×	×	×
300							×	×	×	×	×
320							×	×	×	×	×
350							×	×	×	×	×
380								×	×	×	×
400								×	×	×	×
450								×	×	×	×
500								×	×	×	×
550									×	×	×
600									×	×	×
650									×	×	×
700										×	×
L_1	20,25,30,35,40,45,50,60,70,80,100,110,120,130,140,160,180,200										

（第一列为 L）

注:1. 材料由制造者选定,推荐采用 T10A、GCr15、20Cr。

　　2. 硬度 56~60HRC,20Cr 渗碳 0.5~0.8 mm,硬度 56~60HRC。

　　3. 标注的形位公差应符合 GB/T 1184—1996 的规定,t 为 6 级精度。

3. 导套

导套常用的结构形式也有两种,一种不带安装凸肩,另一种带安装凸肩,相应地称为直导套和带头导套,GB/T 4169.2—2006 和 GB/T 4169.3—2006 分别规定了它们的尺寸规格和公差,同时给出了材料指南和硬度要求,规定了标记方法。

直导套结构和尺寸见图 6-21 和表 6-48。

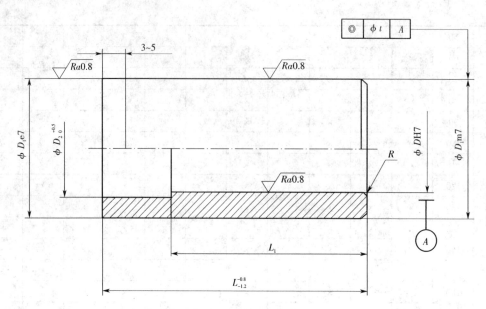

图 6-21　标准直导套

表 6-48　直导套的相关尺寸

未注表面粗糙度为 Ra3.2 mm，未注倒角为 1 mm×50°。												
标记示例：直径 D = 12 mm、长度 L = 15 mm 的直导套，12×15GB/T 4169. 2—2006。												
D	12	16	20	25	30	35	40	50	60	70	80	90	100
D_1	18	25	30	35	42	48	55	70	80	90	105	115	125
D_2	13	17	21	26	31	36	41	51	61	71	81	91	101
R	1. 5 ~ 2	3 ~ 4				5 ~ 6				7 ~ 8			
L_1 *	24	32	40	50	60	70	80	100	120	140	160	180	200
L	15	20	20	25	30	35	40	40	50	60	70	80	80
	20	25	25	30	35	40	50	50	60	70	80	100	100
	25	30	30	40	40	50	60	60	80	80	100	120	150
	30	40	40	50	50	60	80	80	100	100	120	150	200
	35	50	50	60	60	80	100	100	120	120	15	200	
	40	60	60	80	80	100	120	120	150	150	200		

* 当 $L_1 > L$ 时，取 $L_1 = L$。

注：1. 材料由制造者选定，推荐采用 T10A、GCr15、20Cr。

　　2. 硬度为 52 ~ 56HRC，20Cr 渗碳 0. 5 ~ 0. 8 mm，硬度为 56 ~ 60HRC。

　　3. 标注的形位公差应符合 GB/T 1184—1996 的规定，t 为 6 级精度。

　　4. 其余应符合 GB/T 4170—2006 的规定。

带头导套结构和尺寸见图 6-22 和表 6-49。

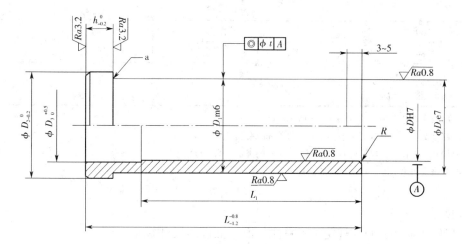

图 6-22 标准带头导套

表 6-49 标准带头导套的相关尺寸

D	12	16	20	25	30	35	40	50	60	70	80	90	100
D_1	18	25	30	35	42	48	55	70	80	90	105	115	125
D_2	22	30	35	40	47	54	61	76	86	96	111	121	131
D_3	13	17	21	26	31	36	41	51	61	71	81	91	101
h	5	6	8			10		12		15		20	
R	1.5~2	3~4				5~6				7~8			
L_1 *	24	32	40	50	60	70	80	100	120	140	160	180	200
L	20	×	×	×									
	25	×	×	×	×								
	30	×	×	×	×	×							
	35	×	×	×	×	×	×						
	40	×	×	×	×	×	×	×					
	45	×	×	×	×	×	×	×					
	50	×	×	×	×	×	×	×	×				
	60		×	×	×	×	×	×	×	×			
	70			×	×	×	×	×	×	×	×		
	80			×	×	×	×	×	×	×	×	×	
	90				×	×	×	×	×	×	×	×	
	100				×	×	×	×	×	×	×	×	×
	110					×	×	×	×	×	×	×	×
	120					×	×	×	×	×	×	×	×
	130						×	×	×	×	×	×	×
	140						×	×	×	×	×	×	×
	150							×	×	×	×	×	×

续表

	160						×	×	×	×	×	×
L	180							×	×	×	×	×
	200							×	×	×	×	×

* 当 $L_1 > L$ 时,取 $L_1 = L$。

　注:1. 材料由制造者选定,推荐采用 T10A、GCr15、20Cr。

　　　2. 硬度为 52~56HRC,20Cr 渗碳 0.5~0.8 mm,硬度为 56~60HRC 。

　　　3. 标注的形位公差应符合 GB/T 1184—1996 的规定,t 为 6 级精度。

　　　4. 其余应符合 GB/T 4170—2006 的规定。

4. 推板

GB/T 4169.7—2006 规定了塑料注射模用推板的尺寸规格和公差,同时还给出了材料指南和硬度要求,并规定了推板的标记。其结构和尺寸见图 6-23 和表 6-50。

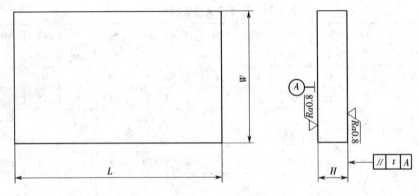

图 6-23　推板

表 6-50　推板的相关尺寸

W	L							H							
								13	15	20	25	30	40	50	60
90	150	180	200	230	250			×	×						
110	180	200	230	250	300	350			×	×					
120	200	230	250	300	350	400			×	×	×				
140	230	250	270	300	350	400			×	×	×				
150	250	270	300	350	400	450	500		×	×	×				
160	270	300	350	400	450	500			×	×	×				
180	300	350	400	450	500	550	600			×	×	×			
220	350	400	450	500	550	600				×	×	×			
260	400	450	500	550	600	700					×	×	×		
290	450	500	550	600	700							×	×	×	×
320	500	550	600	700	800							×	×	×	×

续表

W	L							H							
								13	15	20	25	30	40	50	60
340	550	600	700	800	900						×	×	×	×	
390	600	700	800	900	1 000						×	×	×	×	
400	650	700	800	900	1 000						×	×	×	×	
450	700	800	900	1 000	1 250						×	×	×	×	
510	800	900	1 000	1 250							×	×	×	×	×
560	900	1 000	1 250	1 600								×	×	×	×
620	1 000	1 250	1 600									×	×	×	×
790	1 250	1 600	2 000									×	×	×	×

注:1. 材料由制造者选定,推荐采用 45 钢。

   2. 硬度为 28～32HRC。

   3. 标注的形位公差应符合 GB/T 1184—1996 的规定, t 为 6 级精度。

   4. 其余应符合 GB/T 4170—2006 的规定。

5. 模板

GB/T 4169.8—2006 规定了塑料注射模用模板的尺寸规格和公差,适用于塑料注射模所用的定模板、动模板、推件板、推料板、支承板和定模座板与动模座板,同时还给出了材料指南和硬度要求,并规定了模板的标记。

标准模板分为 A 型标准模板(用于定模板、动模板、推件板、推料板、支承板,见图 6-24)和 B 型标准模板(用于定模座板、动模座板,见图 6-25),相关尺寸分别见表 6-51 和表 6-52。

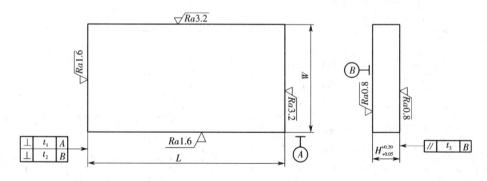

图 6-24 A 型标准模板

表 6-51 A 型标准模板相关尺寸

W	L							H												
								20	25	30	35	40	45	50	60	70	80	90	100	110
150	150	180	200	230	250			×	×	×	×	×	×	×	×	×	×	×		
180	180	200	230	250	300	350		×	×	×	×	×	×	×	×	×	×	×		
200	200	230	250	300	350	400		×	×	×	×	×	×	×	×	×	×	×	×	

续表

W	L							20	25	30	35	40	45	50	60	70	80	90	100	110
230	230	250	270	300	350	400		×	×	×	×	×	×	×	×	×	×	×	×	
250	250	270	300	350	400	450	500		×	×	×	×	×	×	×	×	×	×	×	×
270	270	300	350	400	450	500			×	×	×	×	×	×	×	×	×	×	×	×
300	300	350	400	450	500	550	600			×	×	×	×	×	×	×	×	×	×	×
350	350	400	450	500	550	600					×	×	×	×	×	×	×	×	×	×
400	400	450	500	550	600	700					×	×	×	×	×	×	×	×	×	×
450	450	500	550	600	700							×	×	×	×	×	×	×	×	×
500	500	550	600	700	800								×	×	×	×	×	×	×	×
550	550	600	700	800	900								×	×	×	×	×	×	×	×
600	600	700	800	900	1 000								×	×	×	×	×	×	×	×
650	650	700	800	900	1 000									×	×	×	×	×	×	×
700	700	800	900	1 000	1 250									×	×	×	×	×	×	×
800	800	900	1 000	1 250											×	×	×	×	×	×
900	900	1 000	1 250	1 600											×	×	×	×	×	×
1 000	1 000	1 250	1 600													×	×	×	×	×
1 250	1 250	1 600	1 600													×	×	×	×	×

W	L							120	130	140	150	160	180	200	220	250	280	300	360	400
150	150	180	200	230	250															
180	180	200	230	250	300	350														
200	200	230	250	300	350	400														
230	230	250	270	300	350	400														
250	250	270	300	350	400	450	500	×												
270	270	300	350	400	450	500		×												
300	300	350	400	450	500	550	600	×	×											
350	350	400	450	500	550	600		×	×											
400	450	500	550	600	700			×	×	×	×	×								
450	450	500	550	600	700			×	×	×	×	×								
500	500	550	600	700	800			×	×	×	×	×	×							
550	550	600	700	800	900			×	×	×	×	×	×	×						
600	600	700	700	900	1 000			×	×	×	×	×	×	×						
650	650	700	800	900	1 000			×	×	×	×	×	×	×	×					
700	700	800	900	1 000	1 250			×	×	×	×	×	×	×	×	×				
800	800	900	1 000	1 250				×	×	×	×	×	×	×	×	×	×	×		

续表

W	L					H												
						120	130	140	150	160	180	200	220	250	280	300	360	400
900	900	1 000	1 250	1 600		×	×	×	×	×	×	×	×	×	×	×	×	
1 250	1 250	1 600	2 000			×	×	×	×	×	×	×	×	×	×	×	×	×

注:1.材料由制造者选定,推荐采用 45 钢。

　　2.硬度为 28~32HRC。

　　3.未注尺寸公差等级应符合 GB/T 1801—1999 中 js13 的规定。

　　4.未注形位公差应符合 GB/T 1184—1996 的规定,t_1、t_3 为 5 级精度,t_2 为 7 级精度。

　　5.其余应符合 GB/T 4170—2006 的规定。

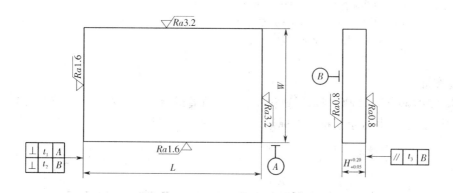

图 6-25　B 型标准模板

表 6-52　B 型标准模板相关尺寸

W	L						H												
							20	25	30	35	40	45	50	60	70	80	90	100	120
200	150	180	200	230	250		×	×											
230	180	200	230	250	300	350	×	×	×										
250	200	230	250	300	350	400	×	×	×										
280	230	250	270	300	350	400		×	×										
300	250	270	300	350	400	450	500	×	×	×									
320	270	300	350	400	450	500	×	×	×	×									
350	300	350	400	450	500	550	600		×	×	×	×	×						
400	350	400	450	500	550	600			×	×	×	×							
450	400	450	500	550	600	700				×	×	×	×						
550	450	500	550	600	700					×	×	×	×	×					
600	500	550	600	700	800					×	×	×	×	×					
650	550	600	700	800	900						×	×	×	×	×	×			
700	600	700	800	900	1 000						×	×	×	×	×	×			

续表

W	L					H												
						20	25	30	35	40	45	50	60	70	80	90	100	120
750	650	700	800	900	1 000				×	×	×	×	×	×	×			
800	700	800	900	1 000	1 250					×	×	×	×	×	×	×		
900	800	900	1 000	1 250						×	×	×	×	×	×	×	×	
1 000	900	1 000	1 250	1 600							×	×	×	×	×	×	×	×
1 200	1 000	1 250	1 600										×	×	×	×	×	×
1 500	1 250	1 600	2 000												×	×	×	×

注:1. 材料由制造者选定,推荐采用45钢。

2. 硬度为 28～32HRC。

3. 未注尺寸公差等级应符合 GB/T 1801—1999 中 js13 的规定。

4. 未注形位公差应符合 GB/T 1184—1996 的规定,t_1 为 7 级精度,t_2 为 9 级精度,t_3 为 5 级精度。

5. 其余应符合 GB/T 4170—2006 的规定

6. 推管

GB/T 4169.17—2006 规定了塑料注射模用推管的尺寸规格和公差,同时还给出了材料指南和硬度要求,并规定了推管的标记。其结构和尺寸见图 6-26 和表 6-53。

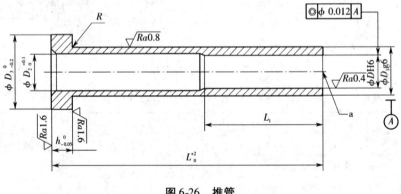

图 6-26　推管

表 6-53　推管的相关尺寸

D	D_1	D_2	D_3	h	R	L_1	L						
							80	100	125	150	175	200	250
2	4	2.5	8	3	0.3	35	×	×	×				
2.5	5	3	10				×	×	×				
3	5	3.5				45	×	×	×	×			
4	6	4.5	12	5	0.5		×	×	×	×	×	×	
5	8	5.5	14				×	×	×	×	×	×	
6	10	6.5	16					×	×	×	×	×	×
8	12	8.5	20	7	0.8			×	×	×	×	×	×
10	14	10.5	22					×	×	×	×	×	×
12	16	12.5	22					×	×	×	×	×	×

注:1. 材料由制造者选定,推荐采用 4Cr5MoSiV1、3Cr2W8V。

　　2. 硬度为 45～50HRC。

　　3. 淬火后表面可进行渗碳处理,渗碳层深度为 0.08～0.15 mm,心部硬度为 40～44HRC,表面硬度≥900HV。

　　4. 其余应符合 GB/T 4170—2006 的规定。

7. 复位杆

GB/T 4169.13—2006 规定了塑料注射模用复位杆的尺寸规格和公差,同时还给出了材料指南和硬度要求,并规定了复位杆的标记。其结构和尺寸见图 6-27 和表 6-54。

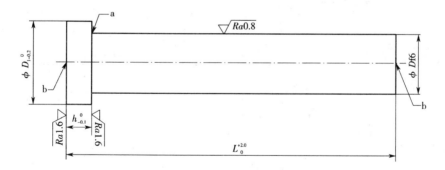

图 6-27　复位杆

表 6-54　复位杆相关尺寸

D	D_1	h	L									
			100	125	150	200	250	300	350	400	500	600
10	15	4	×	×	×	×						
12	17		×	×	×	×	×					
15	20		×	×	×	×	×	×				
20	25			×	×	×	×	×	×	×		

续表

D	D_1	h	L									
			100	125	150	200	250	300	350	400	500	600
25	30	8			×	×	×	×	×	×	×	
30	35			×	×	×	×	×	×	×	×	×
35	40					×	×	×	×	×	×	×
40	45	10					×	×	×	×	×	×
50	55						×	×	×	×	×	×

注：1. 材料由制造者选定，推荐采用 T10A、GCr15。

　　2. 硬度为 56~60HRC。

　　3. 其余应符合 GB/T 4170—2006 的规定。

8. 垫块

GB/T 4169.6—2006 规定了塑料注射模用垫块的尺寸规格和公差，同时还给出了材料指南和硬度要求，并规定了垫块的标记。其结构和尺寸见图 6-28 和表 6-55。

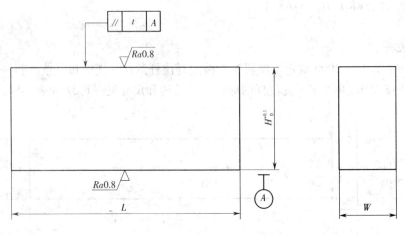

图 6-28　垫块

表 6-55　垫块相关尺寸

W	L							H												
								50	60	70	80	90	100	110	120	130	150	180	200	250	300
28	150	180	200	230	250			×	×	×											
33	180	200	230	250	300	350			×	×	×										
38	200	230	250	300	350	400				×	×	×									
43	230	250	270	300	350	400					×	×	×								
48	250	270	300	350	400	450	500					×	×	×							
53	270	300	350	400	450	500							×	×	×						
58	300	350	400	450	500	550	600						×	×	×						
63	350	400	450	500	550	600								×	×	×					

续表

W	L						H												
							50	60	70	80	90	100	110	120	130	150	180	200	250	300
68	400	450	500	550	600	700						×	×	×	×					
78	450	500	550	600	700							×	×	×	×					
88	500	550	600	700	800							×	×	×	×					
100	550	600	700	800	900	1 000							×	×	×	×				
120	650	700	800	900	1 000	1 250								×	×	×	×	×	×	
140	800	900	1 000	1 250												×	×	×	×	
160	900	1 000	1 250	1 600													×	×	×	
180	1 000	1 250	1 600															×	×	×
220	1 250	2 000																×	×	×

注:1. 材料由制造者选定,推荐采用 45 钢。

　　2. 标注的形位公差应符合 GB/T 1184—1996 的规定,t 为 5 级精度。

　　3. 其余应符合 GB/T 4170—2006 的规定。

9. 限位钉

GB/T 4169.9—2006 规定了塑料注射模用限位钉的尺寸规格和公差,同时还给出了材料指南和硬度要求,并规定了限位钉的标记。其结构和尺寸见图 6-29 和表 6-56。

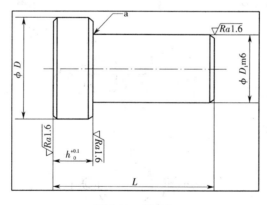

图 6-29　限位钉

表 6-56　限位钉相关尺寸

D	D_1	h	L
16	8	5	16
20	16	10	25

10. 浇口套

浇口套结构和尺寸见图 6-30 和表 6-57。

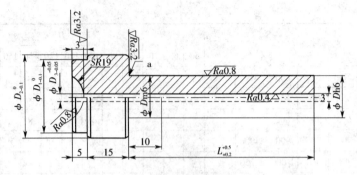

图 6-30　浇口套

表 6-57　浇口套相关尺寸

D	D_1	D_2	D_3	L		
				50	80	100
12	35	40	2.8	×		
16			2.8	×	×	
20			3.2	×	×	×
25			4.2	×	×	×

11. 定位圈

定位圈结构和尺寸见图 6-31 和表 6-58。

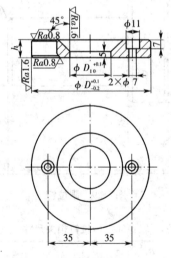

图 6-31　定位圈

表 6-58　定位圈相关尺寸

D	D_1	h
100	35	15
120		
150		

第7章 模具设计题目

7.1 塑料模具设计

试题1 盒(图7-1),大批量生产,精度为MT6,材料为PS。

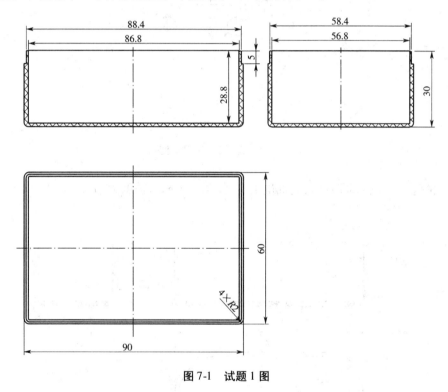

图7-1 试题1图

试题2 罩盖(图7-2),大批量生产,精度为MT5,材料为ABS。

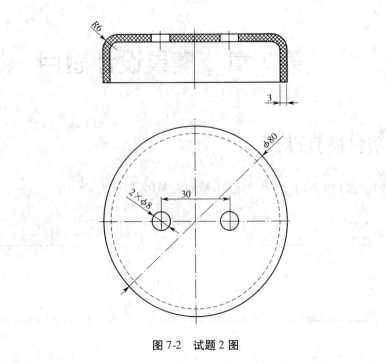

图 7-2　试题 2 图

试题 3　盒盖(图 7-3),大批量生产,壁厚 1.5 mm,精度为 MT5,材料为 ABS。

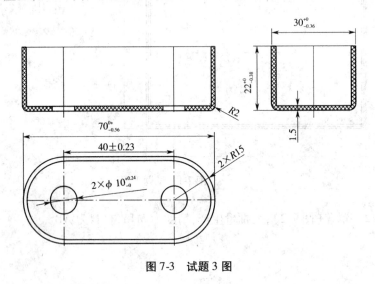

图 7-3　试题 3 图

试题 4　小扣盖(图 7-4),大批量生产,精度为 MT6,材料为 PS。

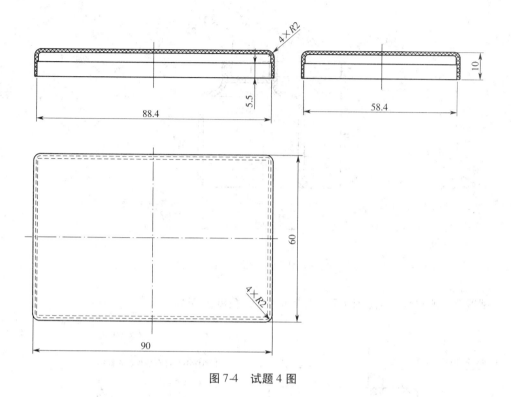

图 7-4　试题 4 图

试题 5　罩盖板(图 7-5),大批量生产,精度为 MT5,材料为 ABS。

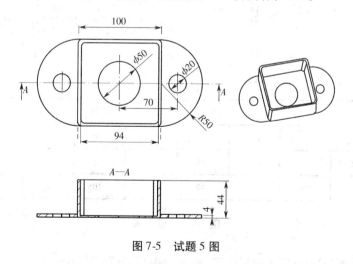

图 7-5　试题 5 图

试题 6　灭火器桶座(图 7-6),大批量生产,精度为 MT5,材料为 ABS。

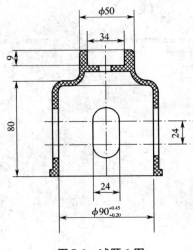

图 7-6　试题 6 图

试题 7　塑料仪表盖(图 7-7),大批量生产,精度为 MT5。

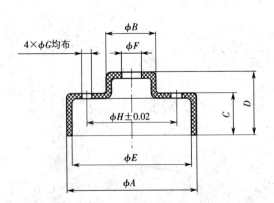

技术要求:

1.塑件不允许有变形、裂纹;

2.脱模斜度30′~1°;

3.未注圆角$R2$~$R3$;

4.壁厚处处相等;

5.未注尺寸公差按所用塑料的高精度级查取。

图号	材料	尺 寸 序 号							
		A	B	C	D	E	F	G	H
01	PP	70	30	25	35	65	10	5	50
02	ABS	110	70	65	75	105	13	10	90

图 7-7　试题 7 图

试题 8　支架(图 7-8),大批量生产,精度为 MT5,材料为 ABS。

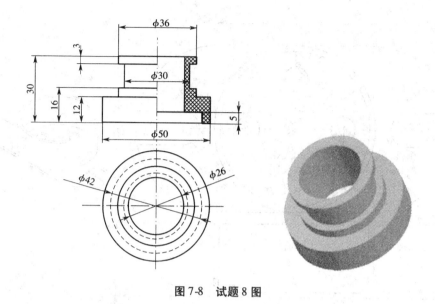

图 7-8　试题 8 图

试题 9　后盖(图 7-9)，大批量生产，精度为 MT5，材料为 ABS。

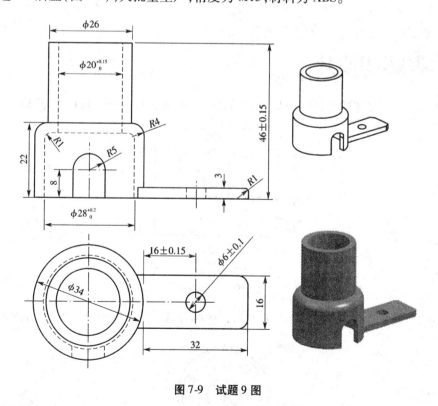

图 7-9　试题 9 图

试题 10　电器盖(图 7-10)，大批量生产，精度为 MT5，材料为 PP。

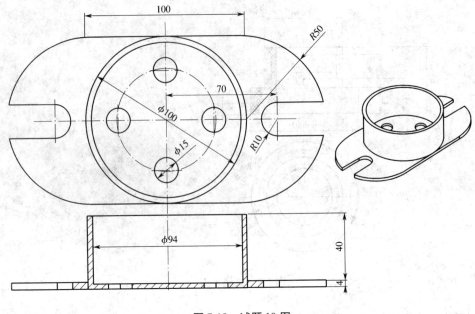

图 7-10 试题 10 图

7.2 冲裁模具设计

试题 1 变压器芯插片(图 7-11),大批量生产,料厚为 0.5 mm,材料为 Q235。

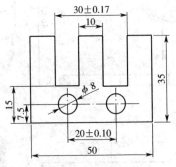

图 7-11 试题 1 图

试题 2 圆垫片(图 7-12),料厚为 1 mm,材料为 10 号钢,年产批量为 15 万件。

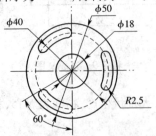

图 7-12 试题 2 图

试题 3　小垫片(图 7-13),大批量生产。

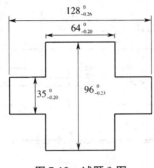

图 7-13　试题 3 图

试题 4　锁片(图 7-14),大批量生产。

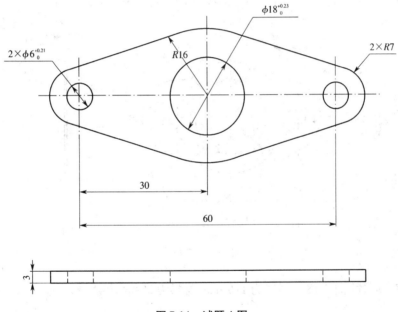

图 7-14　试题 4 图

试题 5　垫片(图 7-15),大批量生产,料厚为 1.0 mm,材料为 Q235。

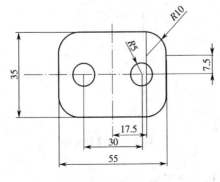

图 7-15　试题 5 图

试题 6　锁片(图 7-16),材料为 Q235,年生产批量 200 万件。

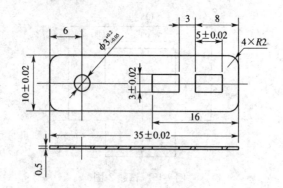

图 7-16　试题 6 图

试题 7　锁片(图 7-17),材料为 Q235,年生产批量 600 万件。

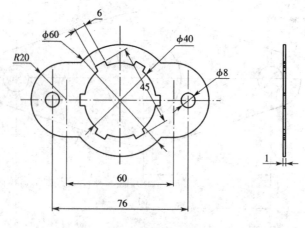

图 7-17　试题 7 图

试题 8　刷片(图 7-18),料厚为 1.5 mm,材料为 20 钢,年生产批量 200 万件。

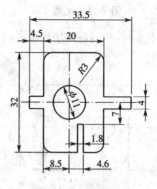

图 7-18　试题 8 图

试题 9　止转片(图 7-19),大批量生产,材料为 20 号钢。

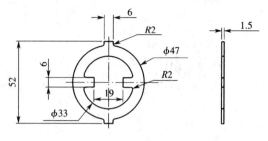

图 7-19　试题 9 图

试题 10　线端子(图 7-20),料厚为 1 mm,材料为 304(不锈钢),年生产批量 100 万件。

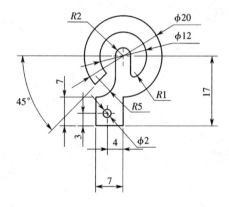

图 7-20　试题 10 图

附　　录

附录 1　模具设计说明书

题目名称：_____

系　　部：_____

专业班级：_____

学生姓名：_____

学　　号：_____

指导教师：_____

完成日期：_____

摘　要
（黑体，三号，居中）

目　录
（黑体，三号，居中）

（页码居中）

页眉　　　　　　　　　　　模具设计题目(居中)

1　×××××（黑体，三号）

1.1　×××××（黑体，四号）

1.1.1　×××××（黑体，小四号）

正文：×××××（宋体，小四号）

（页码居中）

参考文献
（黑体，小四号，居中）

1. 课程设计报告要求

用 A4 纸排版,双面打印,并装订成册。

页码:居中,小五号。

版心:高 240 mm(含页眉及页码),宽 160 mm,相当于 A4 纸每页 40 行,每行 38 个字。

2. 封面格式

标有"×××××学校模具设计说明书"字样,"×××××学院"为图片,图片高为 1.59 cm、宽为 6.85 cm,居中,请不要随意更改图片的大小。

"模具设计说明书"为黑体、一号、居中。

"题目名称"为宋体、小二号、居中。

基本信息(包括系部、专业班级、学生姓名、学号、指导教师、完成日期)为宋体、三号、居中。

封面格式直接套用给出的"模具设计说明书"封面样本。

3. 摘要格式

"摘要"为黑体、三号、居中,两字间三个空格。

"摘要正文"为宋体、小四号,摘要内容 200～300 字为宜,要包括目的、方法、结果和结论。应以浓缩的形式概括设计的内容、方法和观点以及取得结果,能反映整个内容的精华。

"关键词"为 3～8 个主题词,黑体、小四号。

4. 目录格式

"目录"为黑体、三号、居中,两字间三个空格。

目录中标题应与正文中标题一致。

5. 正文格式

1　　×××××　　(黑体,三号)

1.1　　×××××(黑体,四号)

1.1.1　　×××××(黑体,小四号)

正文:×××××(宋体,小四号)

每段的首行缩进两个汉字,两端对齐,1.25 行距。

段前 0 磅,段后 0 磅。

6. 参考文献格式

"参考文献"为黑体、小四号、居中。

参考文献内容为宋体、五号。

示例如下:

期刊——[序号]作者 1,作者 2,…,作者 n. 题(篇)名,刊名(版本),出版年,卷次(期次)。

图书——[序号]作者 1,作者 2,…,作者 n. 书名,版本,出版地,出版者,出版年。

列出的参考文献限于作者直接阅读过的、最主要的且一般要求发表在正式出版物上的文献。参考文献的著录,按文稿中引用顺序排列。

7. 图表

(1)图表标题黑体、小五号字;曲线图、示意图和照片、表格,应尽量紧缩,置于文章中适当位置;图表中文字小五号字,参数采用国标规定符号。

（2）图、表、公式、算式等一律用阿拉伯数字分别依序连续编排序号。序号分章依序编码，应便于互相区别，如图1.2，表3.4，式(5.3)。

（3）图、表和正文之间空一行(前后与正文间各0.5行)。

8.量和单位的使用

必须符合国家标准规定，不得使用已废弃的单位。量和单位不用中文名称，而用法定符号表示。

附录 2 模具设计评定意见

设计题目 _____

系　　部 _____　　专业班级 _____

学生姓名 _____　　学生学号 _____

评定意见：

评定成绩：_____

指导教师(签名)：_____　　　　　年　月　日

<u>(此页背书)</u>

评定意见参考提纲

(1)学生完成的工作量与内容是否符合任务书的要求。

(2)学生的勤勉态度。

(3)设计或说明书的优缺点,包括学生对理论知识的掌握程度、实践工作能力、表现出的创造性和综合应用能力等。

附录3 系(部)(课程)设计任务书

学年　学期　年　月　日

专业		班级		课程名称	
设计题目				指导教师	
起止时间		周数		设计地点	

设计目的：

设计任务或主要技术指标：

设计进度与要求：

主要参考书及参考资料：

教研室主任(签名) _____ 系(部)主任(签名) _____

附录4　机械工程系模具设计评定意见

设计题目：

学生姓名＿＿＿＿＿＿　专业＿＿＿＿＿＿＿　班级＿＿＿＿＿＿＿

评定内容：

<table>
<tr><td rowspan="5">评定项目</td><td>平时表现
（10%）</td><td colspan="4">1. 出勤率：　□全勤　　□缺勤较少　　□缺勤较多　　□全缺
2. 进度：　　□较快　　□正常　　　　□较慢　　　　□没有按时完成</td></tr>
<tr><td>设计说明书
（40%）</td><td colspan="4">1. 规范性：　　　　　　□很好　　□较好　　　□较差　　　□很差
2. 方案及总体设计：　□合理　　□较合理　□基本合理　□不合理
3. 成型零件计算：　　□正确　　□较正确　□基本正确　□错漏较多
4. 各类计算：　　　　□正确　　□较正确　□基本正确　□错漏较多</td></tr>
<tr><td>模具装配图
（30%）</td><td colspan="4">1. 结构设计：　□合理　　　　□较合理　　□基本合理　□错误较多
　　　　　　　□原则性错误
2. 尺寸标注：　□正确　　　　□较好　　　□基本正确　□错漏较多
3. 制图质量：　□很好　　　　□较好　　　□一般　　　□很差</td></tr>
<tr><td>塑料成型
零件、凸模
零件图
（10%）</td><td colspan="4">1. 结构设计：　□合理　　　　□较合理　　□基本合理　□错误较多
　　　　　　　□原则性错误
2. 尺寸标注：　□正确　　　　□较好　　　□基本正确　□错漏较多
3. 制图质量：　□很好　　　　□较好　　　□一般　　　□很差</td></tr>
<tr><td>答辩（10%）</td><td colspan="4">□思路清晰,正确　　　　　　　　□思路较清晰,较正确
□思路基本清晰,基本正确　　　　□思路较混乱,错漏较多

问题1：
问题2：
问题3：</td></tr>
</table>

评定成绩＿＿＿＿＿＿＿指导教师（签名）＿＿＿＿＿＿＿＿＿　年　　月　　日

参考文献

[1] 梅伶. 模具课程设计指导[M]. 北京:机械工业出版社,2007.

[2] 叶久新,王群. 塑料成型工艺及模具设计[M]. 北京:机械工业出版社,2008.

[3] 李奇涵,李明哲. 冲压成型工艺与模具设计[M]. 北京:科学出版社,2009.

[4] 林承全,余小燕. 冲压模具设计指导书[M]. 武汉:湖北科学技术出版社,2008.

[5] 刘建超,张宝忠. 冲压模具设计与制造[M]. 北京:高等教育出版社,2010.

[6] 齐卫东. 简明冲压模具设计手册[M]. 北京:北京理工大学出版社,2009.

[7] 杨占尧. 最新冲压模具标准及应用手册[M]. 北京:化学工业出版社,2010.

[8] 薛启翔. 冲压模具设计结构图册[M]. 北京:化学工业出版社,2008.

[9] 陈炎嗣. 冲压模具实用结构图册[M]. 北京:机械工业出版社,2009.

[10] 姜彬. UG塑料注射模设计方法及应用案例[M]. 北京:电子工业出版社,2009.

[11] 李力,崔江红,肖庆和,等. 塑料成型模具设计与制造[M]. 北京:国防工业出版社,2007.

[12] 铭卓设计. UGNX6模具设计实例详解[M]. 北京:清华大学出版社,2009.

[13] 齐晓杰. 塑料成型工艺与模具设计[M]. 北京:机械工业出版社,2006.

[14] 王树勋. UGNX注塑模具设计[M]. 北京:中国电力出版社,2009.

[15] 杨黎明,杨志勤. 机械设计简明手册[M]. 北京:国防工业出版社,2008.

[16] 杨占尧,等. 注塑模具典型结构图例[M]. 北京:化学工业出版社,2006.

[17] 张云杰. UG模具设计实例教程[M]. 北京:清华大学出版社,2008.

[18] 罗小发. CAD/CAE/CAM技术在模具设计制造的应用[J]. 橡塑技术与装备,2005,31(8):54-60.

[19] 蒋亚军,娄臻亮. 基于知识的注塑模顶出设计[J]. 上海交通大学学报,2004,38(7):1109-1112,1117.

[20] 黄晓燕. 注塑成型模拟技术的应用与发展[J]. 成都电子机械高等专科学校学报,2009,12(1):1-3.

[21] 黄荣学,范洪远. 我国模具工业发展概述及展望[J]. 机械工程师,2007(5):13-15.

[22] 宋满仓. 注塑模具设计与制造标准化体系的研究[D]. 大连:大连理工大学,2005.